Daubenmerkl

Homöopathie bei Pferden

für die **Kitteltasche**

Wolfgang Daubenmerkl

Homöopathie bei Pferden

Praktische Empfehlungen für die Behandlung

Wolfgang Daubenmerkl, Prutting

2., aktualisierte und erweiterte Auflage

WVG

Wissenschaftliche
Verlagsgesellschaft
Stuttgart

Zuschriften an
lektorat@dav-medien.de

Anschrift des Autors
Dr. Wolfgang Daubenmerkl
Forststraße 15
83134 Prutting
E-Mail: dr.daubenmerkl@gmx.de

Bibliografische Information der Deutschen Nationalbibliothek
Die Deutsche Nationalbibliothek verzeichnet diese Publikation in der Deutschen Nationalbibliografie; detaillierte bibliografische Daten sind im Internet unter https://portal.dnb.de abrufbar.

2., aktualisierte und erweiterte Auflage 2016
ISBN 978-3-8047-3473-9 (Print)
ISBN 978-3-8047-3483-8 (E-Book, PDF)

Birkenwaldstr. 44, 70191 Stuttgart
www.wissenschaftliche-verlagsgesellschaft.de
Printed in Germany

Satz: primustype Hurler GmbH, Notzingen
Druck und Bindung: Kösel, Krugzell
Umschlagabbildung: callipso88/fotolia
Umschlaggestaltung: deblik, Berlin

Vorwort

Ich freue mich, dass dieses Buch bei Pferdehaltern und Therapeuten eine so große Resonanz gefunden hat. Dies bestärkt meine Überzeugung, dass der Weg zur gebührenden Anerkennung der Homöopathie durch die Patientenbesitzer und die nachkommenden jungen Therapeutenkolleginnen und -kollegen geebnet wird. Homöopathie ist eine beim Tier längst bewährte und zuverlässige Heilmethode. Sie aktiviert und unterstützt die körpereigenen Heilprogramme durch gezielte Reize, die mit diesen in Resonanz gehen. Sofern sie regulationsfähig ist, gilt: **Nichts funktioniert besser, als die Natur selbst!**

In der zweiten Auflage habe ich einige Korrekturen bezüglich Arzneimittelwahl und/oder Potenz vorgenommen, die Rechtslage aktualisiert und das Buch um die Krankheitsbilder **Hahnentritt, Cushing-Syndrom und PSSM** erweitert.

Dieses Buch ist ein Leitfaden für die homöopathische Therapie von Pferdekrankheiten. Es erhebt keinen Anspruch auf Vollständigkeit. Die Auswahl der Arzneimittel beruht auf der subjektiven Erfahrung und Einschätzung des Autors.

Möge auch diese Auflage den homöopathisch arbeitenden Kolleginnen und Kollegen ein nützlicher Ratgeber sein. Ich wünsche allen, die mit diesem Buch arbeiten, Vertrauen in diese kraftvolle Medizin und ein gutes Gelingen.

Prutting, im Sommer 2016 Wolfgang Daubenmerkl

Inhaltsverzeichnis

Hinweise zum Gebrauch des Buches

Dieses Buch ist nach den verschiedenen Organsystemen gegliedert. In den einzelnen Kapiteln werden gängige Krankheitsbilder beim Pferd kurz beschrieben und anschließend homöopathische Einzelmittel in einer bestimmten Potenz aufgeführt, die sich in der Praxis in dieser Form bewährt haben. Die empfohlene Arznei und ihr Verdünnungsgrad (Potenz) sind bewährter Natur. Es steht jedoch im Ermessen und der Erfahrung der Anwender auf andere Potenzen und Dosierungsintervalle zurückzugreifen. Die homöopathischen Arzneimittel sind alphabetisch aufgeführt. Die Zusatzbezeichnung „Hauptmittel" ist eine subjektive Wichtung des Autors und kennzeichnet diejenigen Arzneimittel, die im Praxisalltag hauptsächlich Verwendung finden. Die Hinweise unter der Arznei heben Charakteristika und Besonderheiten hervor, die bei ähnlichen Arzneimittelbildern eine Hilfestellung sein können, die richtige Arzneimittelwahl zu treffen.

Bei aller Begeisterung für die Homöopathie darf nicht vergessen werden, dass es auch noch andere Wege zur Behandlung von Krankheiten gibt. Die **Grenzen der Selbstmedikation** sind bei einigen besprochenen Krankheitsbildern überschritten. Hier kann die homöopathische Behandlung dennoch begleitend eingesetzt werden. Dieses Buch ersetzt nicht den Tierarzt! Die Entscheidung, wann ein Tierarztbesuch notwendig ist, muss individuell und in verantwortlicher Abwägung getroffen werden. Der Hinweis auf den Tierarzt unter der Rubrik „Allgemeine Behandlungsmaßnahmen", weist auf kritische Krankheitssituationen hin.

Allgemeine Hinweise

Bei der Behandlung mit homöopathischen Mitteln besteht keine Abhängigkeit von Gewicht, Alter und Rasse des Patienten und der zu verabreichenden Menge der homöopathischen Arznei. Homöopathika wirken bei großen und kleinen Patienten jeden Alters in gleicher Weise. Wichtig ist nur, dass der Organismus regulationsfähig ist, das heißt, dass er in der Lage ist, auf einen homöopathischen Arzneireiz zu reagieren. So gibt es bestimmte Substanzen, die den Körper in dieser Reaktionsfähigkeit beeinträchtigen können und dadurch die Wirkung der homöopathischen Behandlung verhindern können. Zu diesen Substanzen gehören Kortisonpräparate und andere chemotherapeutische Arzneimittel, aber auch starke ätherische Öle. Trotzdem ist es einen Versuch wert, eine derartige Therapie mit entsprechenden homöopathischen Arzneimitteln zu begleiten. In vielen Fällen zeigte sich, dass – entgegen der bestehenden Ansicht – Homöopathika auch in diesen Fällen erfolgreich eingesetzt werden können. Hans Wolter beschreibt ausdrücklich diese Art der erfolgreichen Kombination von schulmedizinischen Arzneimitteln mit Homöopathika. Auch wenn dies für den klassischen Homöopathen überhaupt nicht akzeptabel ist, möchte ich diese Möglichkeit nennen, weil sie erfahrungsgemäß öfter als gedacht erfolgreich ist, und die erste Maxime unserer Bemühungen die Gesundung unserer Patienten sein sollte und nicht irgendein Dogma.

Potenzhöhe, Dosierung, Verabreichung

In der Homöopathie gibt es keine bindende Regel für die Potenzhöhe. Eine Festlegung einer konstanten Dosierung ist nicht möglich. Die Dosierung von homöopathischen Arzneimitteln unterliegt daher erfahrungsgemäß einer großen Streuung.

Als **allgemeine Richtlinie** für Dosierung und Verabreichung kann folgendes Schema gelten:

1 Gabe eines homöopathischen Arzneimittels entspricht beim

erwachsenen Pferd	ca. 20 Globuli/20 Tropfen/ 3–5 Tabletten/5,0–10,0 ml
Fohlen/Pony	ca. 10 Globuli/10 Tropfen/ 2 Tabletten/5,0 ml
Tiefpotenzen (z. B. D4, D6, D8)	3 × täglich
Mittlere Potenzen (z. B. D12)	2 × täglich
Hochpotenzen (z. B. D30, D200)	Einmalgabe, bei Bedarf wiederholen

Einzelmittel in D30 werden oft 1 × wöchentlich gegeben. Bei einer akuten Erkrankung kann man eine Gabe D30 jede halbe Stunde bis zum Eintritt der Wirkung oder 1 × täglich verabreichen oder wie im Text angegeben.

Einzelmittel in D200 werden oft als Einzelgaben für einen längeren Zeitraum gegeben (Wochen bis Monate) oder in akuten Fällen wie im Text angegeben.

Grundsätzlich gilt: Bei Eintritt der Besserung ist die Verabreichungshäufigkeit zu verringern oder das Mittel abzusetzen. Die Verabreichung der Arznei endet bei wieder eingetretener Normalität. Keinesfalls gibt man das Mittel „zur Sicherheit“ weiter.

Die Verabreichung über Zunge und Mundschleimhaut wird als optimale Verabreichungsart angesehen. Geben Sie die homöopathische Arznei idealerweise direkt auf die Zunge oder zwischen Lippe/Backe und Zahnfleisch. Als Alternative ist das Auflösen der homöopathischen Arznei in etwas Wasser und anschließender Verabreichung über eine Spritze zu nennen. Wenn es gar nicht anders geht, wäre auch das Auftropfen auf Brot eine mögliche Lösung. Das Mischen mit Futtermitteln ist zu vermeiden. Die Injektion von Homöopathika stellt beim Tier eine wertvolle Alternative dar. Die subkutane oder intravenöse Verabreichung der Arznei garantiert dem Behandler die Sicherheit der Arzneiaufnahme, besonders, wenn die Verabreichung über das Maul schwierig ist. Während der Behandlung sind starke ätherische Öle (z. B. Campher, Menthol, Pfefferminze) und Kräuterpräparate zu meiden, da sie die Wirkung der homöopathischen Mittel beeinträchtigen könnten.

Erstverschlimmerung

Homöopathische Arzneien haben keine Nebenwirkung. Bei sehr sensiblen Tieren oder zu häufiger Wiederholung der Arzneigabe kann es zu überschießenden Reaktionen des Körpers kommen, die jedoch nicht als schädliche Arzneiwirkung zu betrachten sind, sondern als Zeichen der richtigen Arzneimittelwahl (Hervorrufen des Arzneimittelbildes). Nach Absetzen des homöopathischen Mittels klingt diese sogenannte Erstverschlimmerung schnell ab.

Besonderheiten der homöopathischen Arzneitherapie beim Pferd

Verschreibungspflicht

Bei der Behandlung von Pferden mit homöopathischen Arzneimitteln ist zu beachten, dass eine Reihe von Substanzen in den tiefen Verdünnungsstufen verschreibungspflichtig ist!

Arzneimittelgesetz

(Stand: 2015)
Es ist zu beachten, dass für Tiere, die der Lebensmittelgewinnung dienen, besondere arzneimittelrechtliche Vorschriften gelten. Im Equidenpass ist festgelegt, ob ein Tier letztendlich der Schlachtung zugeführt wird (dadurch unterliegt es den Vorschriften für Lebensmitteltiere) oder nicht.

Für **Tiere, die der Lebensmittelgewinnung dienen (Equidenpass-Schlachtung/Ja)** gilt das Arzneimittelgesetz § 56a, § 57 und § 58:
Der **Nichttierarzt** darf nur solche, nicht verschreibungspflichtigen homöopathischen Mittel anwenden, die ausdrücklich für das Pferd zugelassen sind und Dosierungsempfehlung und Anwendungsdauer eingehalten werden. Dies betrifft sowohl Einzelmittel, als auch Komplexpräparate (aus mehreren Einzelmitteln zusammengesetzt).
Für verschreibungspflichtige Arzneimittel gilt § 57:
Tierhalter und andere Personen, die nicht Tierärzte sind, dürfen verschreibungspflichtige Arzneimittel bei Tieren nur anwenden, soweit die Arzneimittel von dem Tierarzt verschrieben oder abgegeben worden sind, bei dem sich die Tiere in Behandlung befinden.
§ 58 besagt: Tierhalter und auch andere Personen, die nicht Tierärzte sind, dürfen verschreibungspflichtige Arzneimittel oder andere vom Tierarzt verschriebene oder erworbene Arzneimittel beim Lebensmitteltier nur nach einer tierärztlichen Behandlungsanweisung für den betreffenden Fall anwenden.
Für Tierärzte gilt bezüglich homöopathischer Arzneimittel beim Lebensmitteltier § 56a:
Registrierte oder von der Registrierung freigestellte homöopathische Arzneimittel dürfen beim Lebensmitteltier verschrieben, abgegeben und

angewendet werden – nur dann, wenn sie ausschließlich Wirkstoffe enthalten, die im Anhang der Verordnung EU Nr. 37/2010 (EU-Recht, Stand 2015), als Stoffe aufgeführt sind, für die eine Festlegung von Rückstandsmengen nicht erforderlich ist.
Die EU-Verordnung Nr. 37/2010 (EU-Recht, Stand 2015) regelt, welche Homöopathika und ab welcher Verdünnungsstufe/Potenz, unter der Verantwortung eines Tierarztes/einer Tierärztin, auch Lebensmittelliefernden Tieren verabreicht werden dürfen.

Für **Tiere, die nicht der Lebensmittelgewinnung dienen (Equidenpass-Schlachtung/Nein)** gilt:
Alle homöopathischen Arzneimittel dürfen vom Tierarzt und Nichttierarzt (außer verschreibungspflichtige Arzneimittel) verwendet werden.

Anti-Doping- und Medikamentenkontrollregeln des nationalen Pferdesports. Einstufung der Homöopathika gemäß FN (Fédération Equestre Nationale): Homöopathika sind erlaubt in einer Potenz ab D7. Bis einschließlich D6 mit empfohlener Karenzzeit von 48 Stunden.

1 Augen

1.1 Bindehautentzündung

Beschreibung, Ursache

Die Entzündung der Lidbindehäute (Konjunktivitis) kann durch Staub, Zugluft, Fremdkörper, Verletzungen sowie durch Infektionen und allergische Reaktionen verursacht werden.

Symptome

Schwellung der Lider, Rötung der Bindehäute, verstärkter Tränenfluss, Augenausfluss (schleimig bis eitrig), verklebte Augenlider, Lichtscheu, Juckreiz.

Allgemeine Behandlungsmaßnahmen

Beseitigung der Ursache, entzündungshemmende Maßnahmen, Vermeidung von Staub und Zugluft.

Therapie

▸ **Belladonna D6 = Hauptmittel**

Akute Bindehautentzündung, Augen hochrot, trocken, keine Tränen, Lichtscheu. Alle Beschwerden kommen plötzlich, sind heftig, heiß, klopfend und pulsierend. Die klassischen Entzündungszeichen sind Leitsymptome für diese Arznei (Rötung, Schwellung, Hitze, Schmerz, Berührungsempfindlichkeit). Belladonna ist ein sehr bewährtes Mittel für akute, lokale Entzündungen sowie für fieberhafte Infekte.

- **Empfohlene Dosierung:** 3 × täglich 1 Gabe

▸ **Apis D6**

Besonders indiziert bei allergisch bedingter Konjunktivitis, akute Bindehautentzündung, Lider geschwollen, wässrig, rot, akute Entzündung mit Schwellungen und stechenden, brennenden Schmerzen, Tränenfluss, Lichtscheu, starke Berührungsempfindlichkeit, Augenerkrankungen, entzündliche und nicht entzündliche Ödeme, allergische Entzündungen, Besserung durch kühlende Anwendungen (kalte Kompressen).

- **Empfohlene Dosierung:** 3 × täglich 1 Gabe

▸ **Euphrasia D6**

Akute und chronische Bindehautentzündung, Bindehäute rot, geschwollen, Folge von Sonneneinstrahlung, Wind, Zugluft und Augenverletzungen, allergische Entzündung, starker Tränenfluss, wundmachender Augenausfluss, Lichtscheu, sehr gut als Augentropfen bei spezifischen und unspezifischen Bindehautentzündungen einsetzbar.

- **Empfohlene Dosierung:** 3 × täglich 1 Gabe

▸ **Hepar sulfuris D30**

Eitrige Bindehautentzündung mit Schwellung, Schmerzhaftigkeit und großer Empfindlichkeit gegen Luft und Berührung, Absonderungen mild, eitrig, stark, alle eitrige Entzündungen, akute Entzündung mit Neigung zur Eiterung, starke Berührungsempfindlichkeit, Beschwerden schlechter durch Kälte, besser durch Wärme.

- **Empfohlene Dosierung:** 1 × täglich 1 Gabe

▸ **Mercurius solubilis D30**

Akute und **chronische** Bindehautentzündung, Lider rot, dick, geschwollen, schmerzhaft, Neigung zur Eiterung, Augenausfluss reichlich, brennend, schleimig, eitrig.

- **Empfohlene Dosierung:** 1 × täglich 1 Gabe

▸ **Pulsatilla D30**

Eitrige Bindehautentzündung, Lider entzündet, verklebt, Tränenfluss und Schmerzen in den Augen, Juckreiz, Augenausfluss eitrig, mild, gelb, dick, reichlich.

- **Empfohlene Dosierung:** 1 × täglich 1 Gabe

1.2 Equine rezidivierende Uveitis (ERU)

Beschreibung

Die equine rezidivierende Uveitis – auch periodische Augenentzündung oder Mondblindheit genannt – ist eine Entzündung von Iris, Ziliarkörper und/oder Aderhaut (Iritis-Zyklitis-Chorioiditis), ggf. verbunden mit einer Hornhaut- und Bindehautentzündung. Bei einigen Tieren bleibt die Entzündung lange unbemerkt und die Krankheit wird erst erkannt, wenn das Pferd Sehstörungen zeigt. Es können ein oder beide Augen betroffen sein. Die ERU tritt anfallsweise auf und neigt zur Rückfälligkeit. Daneben beobachtet man auch eine chronisch schleichende Verlaufsform. Jeder Rückfall schädigt das Auge zusätzlich. In den meisten Fällen kommt es durch eine fortschreitende Schädigung von Augeninnenstrukturen zur Atrophie und Erblindung des betroffenen Auges.

Ursache

Infektion des Innenauges mit Leptospiren.

Symptome

Engstellung der Pupille, starke Lichtempfindlichkeit, Tränenfluss, geschwollene Lider, Schmerzhaftigkeit des Auges, Trübung der Hornhaut, Fibrinausschwitzungen in der vorderen Augenkammer, Verklebungen der Iris mit der Linse, Veränderungen von Linse und Glaskörper, gelegentlich Fieber.

Allgemeine Behandlungsmaßnahmen

Weitstellen der Iris (Tierarzt!), entzündungshemmende Maßnahmen, Aufstallen in dunklen Räumen. Vitrektomie (Glaskörper-OP) zur Verhinderung weiterer Schübe. Bei der akuten periodischen Augenentzündung sollte unbedingt ein Tierarzt zugezogen werden!

Therapie

▸ **Aconitum D6 = Anfangsmittel**

Im **akuten Anfangsstadium** der periodischen Augenentzündung, **plötzlicher, heftiger Beginn**, Augen rot, geschwollen, reichlicher Tränenfluss, starke Berührungsempfindlichkeit, Lichtscheu, gestörtes Allgemeinbefinden.

- **Empfohlene Dosierung:** alle 2 Stunden 1 Gabe (4 ×)

▸ **Belladonna D6 = Hauptmittel**

Periodische Augenentzündung, plötzlicher Beginn, heftiger Anfall, Aderhautentzündung (Chorioiditis), Regenbogenhautentzündung (Iritis), Augen hochrot, trocken, keine Tränen, Lider geschwollen, Lichtscheu, Bindehautentzündung, alle Beschwerden kommen plötzlich, sind heftig, heiß, klopfend und pulsierend, Berührungsempfindlichkeit. Die klassischen Entzündungszeichen sind Leitsymptome für diese Arznei (Rötung, Schwellung, Hitze, Schmerz). Belladonna ist ein sehr bewährtes Mittel für akute, lokale Entzündungen sowie für fieberhafte Infekte.

- **Empfohlene Dosierung:** 3 × täglich 1 Gabe, im akuten Anfall alle 2 Stunden 1 Gabe

▸ **Bryonia D6**

Periodische Augenentzündung, Regenbogenhautentzündung (Iritis), Aderhautentzündung (Chorioiditis), starke Schmerzhaftigkeit des Augapfels, Berührungsempfindlichkeit, wenig Tränen. Bryonia kann gut im Wechsel mit Belladonna gegeben werden.

- **Empfohlene Dosierung:** 3 × täglich 1 Gabe

▸ **Euphrasia D6**

Regenbogenhautentzündung (Iritis), allergisch bedingte Augenentzündungen, Bindehäute rot, geschwollen, starker Tränenfluss, wundmachender Augenausfluss, Lichtscheu, Brennen und Juckreiz der Augen, Folge von Sonneneinstrahlung, Wind, Zugluft und Augenverletzungen, Bindehautentzündung, Hornhautentzündung, Tränensackentzündung.
Gut mit Belladonna zu verabreichen.

- **Empfohlene Dosierung:** 3 × täglich 1 Gabe

▸ **Mercurius corrosivus D30**

Regenbogenhautentzündung (Iritis), extreme Lichtscheu, scharfer Tränenfluss, Lider geschwollen, rot, Schmerzhaftigkeit der Augen, Bindehautentzündung, Hornhautentzündung.

- **Empfohlene Dosierung:** 1 × täglich 1 Gabe

▸ **Rhus toxicodendron D30**

Regenbogenhautentzündung (Iritis), allergisch-rheumatoide Entzündungen, Augen rot, geschwollen, Lider entzündet, verklebt, Lichtscheu, starker Tränenfluss, Schmerzhaftigkeit der Augen, Hornhautentzündung.

- **Empfohlene Dosierung:** 1 × täglich 1 Gabe

CAVE Grenzen der Selbstmedikation beachten!

2 Gelenke

2.1 Verstauchung

Beschreibung

Eine Verstauchung (Distorsion) führt zu Überdehnung, Zerrung oder Zerreißung von Gelenkkapsel und Gelenkbändern.

Ursache

Verletzung, Fehltritt, Sturz.

Symptome

Lokale Schwellung, Wärme, Schmerzhaftigkeit, plötzliche Lahmheit.

Allgemeine Behandlungsmaßnahmen

Ruhigstellen der betroffenen Gelenke, entzündungshemmende, schmerzlindernde Maßnahmen – anfänglich kühlende Anwendungen, später wärmende, durchblutungsfördernde Anwendungen.

Therapie

▸ **Arnika D30 = Anfangsmittel**

Hauptmittel bei Verletzungen aller Art, Verstauchung, Verrenkung, Zerrung, Prellung, Quetschung, Bluterguss, kann **sofort nach jeder Art von Verletzung**/Unfall gegeben werden, lindert Schmerzen, fördert Blutstillung, verbessert Wundheilung, beugt Schockzuständen vor, Folgen von Verletzung und Überanstrengung, Beschwerden werden schlechter durch Bewegung, Berührung und Erschütterung, besser durch Ruhe.

- **Empfohlene Dosierung:** akut 3 × täglich 1 Gabe (1. Tag), sonst 1 × täglich 1 Gabe

▸ **Rhus toxicodendron D30 = Hauptmittel**

Verstauchung, Verrenkung, Zerrung, akute und chronische Entzündung von Sehnen und Bändern, Folgen von Verletzung, Zerrung und Überanstrengung von Muskeln, Sehnen und Bändern, stärkt Sehnen, Bänder und Gelenkkapseln.
Leitsymptom: Besserung durch Bewegung und lokale Wärme.

- **Empfohlene Dosierung:** 1 × täglich 1 Gabe

▸ **Ruta D30 = Hauptmittel**

Verstauchung, Verrenkung, Zerrung, akute und chronische Entzündung von Sehnen und Bändern, Folgen von Überanstrengung, Zerrung, Quetschung, Verrenkung, Verletzung, Bänderzerrung, Verletzungen von Knochenhaut und Band- und Sehnenansätzen, Besserung durch leichte Bewegung und warme Anwendungen.

- **Empfohlene Dosierung:** 1 × täglich 1 Gabe

▸ **Bryonia D6**

Akute Verstauchung mit starken Schmerzen und geschwollenem Gelenk, vermehrt warm, **Bewegung verschlechtert.**

- **Empfohlene Dosierung:** 3 × täglich 1 Gabe

▸ **Symphytum D6**

Verstauchung, Verrenkung, Prellung, Zerrung, Verletzungsmittel, Verletzung von Bändern, Sehnen und Knochenhaut, beschleunigt Gewebeheilung, entzündungshemmende und schmerzlindernde Wirkung.

- **Empfohlene Dosierung:** 3 × täglich 1 Gabe

2.2 Gelenkentzündung

Beschreibung

Die Gelenkentzündung (Arthritis) äußert sich durch Schwellung, Überwärmung und Schmerzen im betroffenen Gelenk.

Ursache

Verletzung (Schlag, Stoß, Verstauchung), Überanstrengung, Infektion (Stichverletzung, Infektion über die Blutbahn, Sepsis), allergische Reaktion, Giftstoffe, rheumatische Prozesse.

Symptome

Schwellung, Überwärmung und Schmerzhaftigkeit des Gelenks, Lahmheit, ggf. Fieber und gestörtes Allgemeinbefinden.

Allgemeine Behandlungsmaßnahmen

Beseitigung der Ursache, entzündungshemmende, schmerzlindernde Maßnahmen.

Akute Form: Anfänglich Ruhigstellen des Gelenks (Polsterverband), kühlende Anwendungen (Eiswasser, Acetatumschläge), Boxenruhe, später wärmende Anwendungen und leichte Bewegung.
Bei Fieber und gestörtem Allgemeinbefinden sollte ein Tierarzt gerufen werden.

Therapie

▸ **Apis D6 = Hauptmittel**

Akute Gelenkentzündung mit Schwellung, Wärme und starker Schmerzhaftigkeit, akute und chronische Entzündungen im Bereich von Gelenken, Sehnenscheiden und Schleimbeuteln, Ergüsse in serösen Höhlen, starke Berührungsempfindlichkeit, Besserung durch kalte Anwendungen.

■ **Empfohlene Dosierung:** 3 × täglich 1 Gabe

▸ Bryonia D6 = Hauptmittel

Akute Gelenkentzündung mit Schwellung, Wärme und hochgradiger Lahmheit, geringste Bewegung ist sehr schmerzhaft, meidet jede Bewegung, starker Druck erleichtert, akute und chronische Entzündungen von Gelenken, Sehnenscheiden und Schleimbeuteln, Ergüsse in serösen Höhlen, Berührungsempfindlichkeit.

Wichtiges Leitsymptom: Verschlechterung durch die geringste Bewegung, Ruhe bessert.

- **Empfohlene Dosierung:** 3 × täglich 1 Gabe

▸ Arnika D30

Akute Gelenkentzündung durch **Verletzung** und **Überanstrengung,** Beschwerden: schlechter durch Bewegung, Berührung und Erschütterung, besser durch Ruhe.

- **Empfohlene Dosierung:** im akuten Fall alle 3 Stunden 1 Gabe (3 ×)

▸ Belladonna D6

Akute Gelenkentzündung mit ausgeprägten Entzündungszeichen: Schwellung, Hitze, große Schmerzhaftigkeit, Lahmheit, Beschwerden kommen plötzlich, sind heftig, heiß, klopfend und pulsierend, Berührungsempfindlichkeit, ggf. Fieber und gestörtes Allgemeinbefinden (Infektion), Beschwerden: schlechter durch Berührung, Bewegung und Erschütterung.

- **Empfohlene Dosierung:** 3 × täglich 1 Gabe

▸ Harpagophytum D4

Rheumatische Gelenkentzündung, degenerative und entzündliche Gelenkerkrankung.

- **Empfohlene Dosierung:** 3 × täglich 1 Gabe

▸ Ledum D6

Gelenkentzündung als **Folge von Stichverletzung**, rheumatische Entzündung des Gelenks ohne Fieber, Gelenkschmerzen, Besserung durch kalte Anwendungen.

- **Empfohlene Dosierung:** 3 × täglich 1 Gabe

▸ **Rhus toxicodendron D30**

Akute und **chronische** Gelenkentzündung, Folgen von Überanstrengung, Erkältung und Durchnässung, rheumatische Arthritis, Gelenkschmerzen, Folgen von Verrenkung, Verstauchung und Zerrung.

Leitsymptom: Lahmheit bessert sich durch Bewegung und lokale Wärme.

- **Empfohlene Dosierung:** 1 × täglich 1 Gabe

2.3 Arthrose

Beschreibung

Die Arthrose ist eine Gelenkerkrankung, die zu einer chronischen, fortschreitenden Umgestaltung und Deformierung von Gelenken führt. Dieser Prozess hat sowohl entzündliche wie nicht entzündliche Komponenten.

Ursache

Stellungsfehler, Fehl- und Überbelastung, altersbedingte Abnutzung, Mangelernährung (Wachstumsphase), genetische Veranlagung.

Symptome

Lahmheit, steife Gelenke, Belastungsschmerz, Anfangsschmerz („geht sich ein"), verdickte Gelenke (kalt), Gelenkgeräusche, eingeschränkte Gelenkbeweglichkeit.

Allgemeine Behandlungsmaßnahmen

Entlastung des Gelenks (Huf- und Beschlagskorrektur), entzündungshemmende, schmerzlindernde Maßnahmen, kontrolliertes Bewegungstraining. Bei leichten und mittelgradigen Fällen kann man die Arthrosepatienten sehr gut homöopathisch unterstützen. In stark ausgeprägten Fällen kann die homöopathische Medikation zumindest begleitend eingesetzt werden.

Therapie

▸ **Rhus toxicodendron D30 = Hauptmittel**

Arthrose, Spat, akute und chronische Gelenkentzündung, Folgen von Überanstrengung, Erkältung und Durchnässung, rheumatische Gelenkbeschwerden, Gelenkschmerzen, Lahmheit mit Steifheit und Schmerzen bei Beginn der Bewegung.

Leitsymptom: Lahmheit bessert sich durch Bewegung und lokale Wärme.

- **Empfohlene Dosierung:** 1 × täglich 1 Gabe

▸ **Symphytum D12 = Hauptmittel**

Arthrose, Knochenwucherungen, Neubildungen im Knochen und Knochenhautbereich, Überbeine, Kapselschäden, akute und chronische Entzündungen der Knochenhaut, Heilung und Regeneration von Schäden im Knochen und Knochenhautbereich.

- **Empfohlene Dosierung:** 2 × täglich 1 Gabe

▸ **Calcium fluoratum D30**

Arthrose, degenerative, deformierende Erkrankungen an Knochen und Gelenken, bei chronischen Knochenhautentzündungen, wenn bereits Überbeine vorhanden sind, Verhärtungen von steinerner Härte, gestörter Knochenstoffwechsel, Gelenkschwäche, Folgen von Ernährungsstörungen im Jungtieralter, Wachstumsstörungen, reguliert Kalziumhaushalt. Kann gut im Wechsel mit Silicea gegeben werden.

- **Empfohlene Dosierung:** 1 × täglich 1 Gabe (Langzeittherapie 2–3 Monate!)

▸ **Harpagophytum D4**

Arthrose, Spondylose, Spat, Gelenkschale, degenerative und entzündliche Gelenkerkrankung, rheumatische Gelenkentzündung.

- **Empfohlene Dosierung:** 3 × täglich 1 Gabe

▸ **Hekla lava D30**

Arthrose, Überbeine, Gelenkschale, Spat, Knochenauswüchse, Ostitis, Periostitis, Rachitis, Knochennekrose, Knochentumor, ernährungs- und verletzungsbedingte Knochenerkrankungen.

- **Empfohlene Dosierung:** 1 × täglich 1 Gabe (2–3 Monate)

▸ **Silicea D30**

Überbeine, Arthrose, Gelenkschale, Spat, Knochenauftreibungen, Knochenschmerzen, Knochenhautentzündungen nach Tritt- und Schlagverletzungen, chronische Entzündungsprozesse, Knochenwachstumsstörungen, Folge von ballaststoffarmer Fütterung (mangelnder Kieselsäuregehalt). Kann gut im Wechsel mit Calcium fluoratum gegeben werden.

- **Empfohlene Dosierung:** 1 × täglich 1 Gabe (Langzeittherapie 2–3 Monate!)

2.4 Spat

Beschreibung

Spat ist eine schmerzhafte, chronische, deformierende Erkrankung des Sprunggelenks. Die entzündlichen und degenerativen Prozesse betreffen Knochen, Knochenhaut, Gelenkknorpel, Gelenkkapsel und Bänder. Verknöcherungs- und Knochenzubildungsprozesse führen zu Bewegungseinschränkung und schließlich zur Versteifung des Gelenks.

Ursache

Fehl- und Überbelastung, Verletzungen (Verstauchungen, Quetschungen, Zerrungen), Stellungsfehler, genetische Veranlagung, Mangelernährung (Wachstumsphase).

Symptome

Lahmheit – verstärkt nach Ruhephasen –, verkürzter Schritt, Zehenfußung, Schmerzen beim Beugen des Gelenks.

Allgemeine Behandlungsmaßnahmen

Entlastung des Gelenks (Huf- und Beschlagskorrektur), entzündungshemmende und schmerzlindernde Maßnahmen, ausgewogene Mineralstoffversorgung (Wachstumsphase!). Bei leichten und mittelgradigen Fällen kann man die Spatpatienten sehr gut homöopathisch unterstützen. In stark ausgeprägten Fällen kann die homöopathische Medikation zumindest begleitend eingesetzt werden.

Therapie

▸ **Rhus toxicodendron D30 = Hauptmittel**

Spat, Arthrose, akute und chronische Gelenkentzündung, Folgen von Überanstrengung, Erkältung und Durchnässung, rheumatische Gelenkbeschwerden, Gelenkschmerzen, Lahmheit mit Steifheit und Schmerzen bei Beginn der Bewegung.

Leitsymptom: Lahmheit bessert sich durch Bewegung und lokale Wärme.

- **Empfohlene Dosierung:** 1 × täglich 1 Gabe

▸ **Ruta D30 = Hauptmittel**

Spat (frühe Stadien), Knochenhautentzündung, Verletzungen von Knochen und Knochenhaut, Knochenprellung, Folgen von Verletzungen, beschleunigt Heilung von Knochenverletzungen, verhindert das Entstehen von Überbeinen.

- **Empfohlene Dosierung:** 1 × täglich 1 Gabe

▸ **Symphytum D12 = Hauptmittel**

Spat, Arthrose, akute und chronische Entzündungen der Knochenhaut, Knochenwucherungen, Neubildungen im Knochen- und Knochenhautbereich, Überbeine, Kapselschäden, Heilung und Regeneration von Schäden im Knochen- und Knochenhautbereich.

- **Empfohlene Dosierung:** 2 × täglich 1 Gabe

▸ **Calcium fluoratum D30**

Spat (Spätstadien), Arthrose, degenerative, deformierende Erkrankungen an Knochen und Gelenken, chronische Knochenhautentzündungen, Verhärtungen von steinerner Härte, gestörter Knochenstoffwechsel, Folgen von Ernährungsstörungen im Jungtieralter, reguliert Kalziumhaushalt. Kann gut im Wechsel mit Silicea gegeben werden.

- **Empfohlene Dosierung:** 1 × täglich 1 Gabe (Langzeittherapie 2–3 Monate!)

▸ **Harpagophytum D4**

Spat, Arthrose, degenerative und entzündliche Gelenkerkrankung, Spondylose, Gelenkschale, rheumatische Gelenkentzündung.

- **Empfohlene Dosierung:** 3 × täglich 1 Gabe

▸ **Hekla lava D30**

Spat (Spätstadium), Arthrose, chronisch deformierte Gelenke ohne große Schmerzhaftigkeit, Überbeine, Gelenkschale, Knochenauswüchse, ernährungsbedingte und verletzungsbedingte Knochenerkrankungen.

- **Empfohlene Dosierung:** 1 × täglich 1 Gabe (2–3 Monate)

▸ **Silicea D30**

Spat (Spätstadien), Überbeine, Arthrose, Knochenhautentzündungen nach Tritt- und Schlagverletzungen, Gelenkschale, Knochenauftreibungen, Bindegewebsverhärtungen, Knochenschmerzen, chronische Entzündungsprozesse, Knochenwachstumsstörungen, Folge von ballaststoffarmer Fütterung (mangelnder Kieselsäuregehalt). Kann gut im Wechsel mit Calcium fluoratum gegeben werden.

- **Empfohlene Dosierung:** 1 × täglich 1 Gabe (Langzeittherapie 2–3 Monate!)

2.5 Bänderschwäche, Bindegewebsschwäche

Beschreibung

Starke Durchtrittigkeit in den Gelenken (v. a. im Fesselgelenk), übermäßige Beweglichkeit in den Gelenken und Gliedmaßen, Umknicken. Der Bänder- und Sehnenapparat ist leicht anfällig für Überdehnungen, Zerrungen und Verstauchungen. Die Überbelastung der Gelenke führt langfristig zu erhöhtem Arthroserisiko. Beim Jungtier kann ein schwacher Bandapparat zu Fehlstellung und Fehlhaltung führen.

Ursache

Veranlagung zur Bindegewebsschwäche, mangelhafte Festigkeit von Bändern und Sehnen, zu hohes Körpergewicht, zu früher Arbeitseinsatz, mangelhafte Futterqualität bezogen auf den Kieselsäuregehalt (starke Düngung, saure Böden).

Allgemeine Behandlungsmaßnahmen

Geeignetes, hochwertiges Futter vor allem in der Jungtieraufzucht, Anreiten nicht zu früh, Gewichtskontrolle. Homöopathische Behandlungen müssen in diesen Fällen immer langfristig angelegt sein.

Therapie

▸ **Calcium fluoratum D12 = Hauptmittel**

Bänderschwäche, Bindegewebsschwäche, starke Durchtrittigkeit in den Gelenken, schlaffe Konstitution, Sehnenschwäche, Gelenkschwäche, Erschlaffung elastischer Strukturen, stärkt Sehnen und Bänder, Folgen von Ernährungsstörungen im Jungtieralter, Wachstumsstörungen, reguliert Kalziumhaushalt, stärkt elastische Fasern des Bindegewebes, gut mit Silicea kombinierbar.

- **Empfohlene Dosierung:** 1 × täglich 1 Gabe (Langzeitbehandlung!)

▸ **Silicea D12 = Hauptmittel**

Bindegewebsschwäche, Bänderschwäche, starke Durchtrittigkeit in den Gelenken, Wachstumsstörungen, lockere Gelenke, mangelnder Halt und Festigkeit in den Gelenken, festigt Sehnen, Bänder und Bindegewebe, stabilisiert Schwächezustände, schwächliche Konstitution mit schlaffer Muskulatur und Bandapparat, schlaffe Körperhaltung, Folge von ballaststoffarmer Fütterung (mangelnder Kieselsäuregehalt).

- **Empfohlene Dosierung:** 1 × täglich 1 Gabe (Langzeitbehandlung!)

▸ **Rhus toxicodendron D30**

Neigung zu Verstauchung und Verrenkung infolge schwacher Bänder, stärkt Sehnen, Bänder und Gelenkkapseln.

- **Empfohlene Dosierung:** 1 × wöchentlich 1 Gabe

3 Muskeln und Sehnen

3.1 Schleimbeutelentzündung

Beschreibung

Die Schleimbeutelentzündung (Bursitis) findet man vor allem im Bereich Fersenhöcker (Piephacke), Ellbogengelenk (Ellbogenbeule), Vorderfußwurzelgelenk (Karpalbeule), Schulter (Bursitis intertubercularis), Widerrist und Genick.

Ursache

Chronische Irritationszustände (mechanischer Dauerreiz), Überanstrengung und Überbelastung der betroffenen Gewebe, Verletzungen (Quetschung, Schlag, Prellung), infektiöse Prozesse.

Symptome

Man unterscheidet die akute Form von einer chronischen Form.
Akut: schmerzhafte Schwellung, vermehrt warm, Lahmheit unterschiedlichen Ausmaßes, je nach Lokalisation des betroffenen Schleimbeutels und Stärke der Entzündung.
Chronisch: Schwellung, nicht schmerzhaft, kalt, Kapselverdickungen, meist keine Lahmheit.

Allgemeine Behandlungsmaßnahmen

Ursachen beseitigen (z. B. Abstellen von Überbeanspruchung und mechanischen Dauerreizen).
Akute Form: Ruhigstellung des betroffenen Gelenks/Region, entzündungshemmende Maßnahmen (Kälteanwendungen, Acetatumschläge).
Chronische Form: durchblutungsfördernde Maßnahmen, Einreibungen.

Therapie

▸ **Apis D6 = Hauptmittel**

Akute und chronische Entzündungen im Bereich von Schleimbeuteln, Sehnenscheiden und Gelenken, Ergüsse in serösen Höhlen, akute Entzündungen mit Schwellungen und stechenden, brennenden Schmerzen, starke Berührungsempfindlichkeit.

- **Empfohlene Dosierung:** 3 × täglich 1 Gabe

▸ **Bryonia D6 = Hauptmittel**
Akute und chronische Entzündungen von Schleimbeuteln, Sehnenscheiden und Gelenken, Ergüsse in serösen Höhlen.

▪ **Empfohlene Dosierung:** 3 × täglich 1 Gabe

▸ **Calcium fluoratum D30**
Chronische Schleimbeutelentzündung, Kapselverdickungen, gut mit Silicea kombinierbar.

▪ **Empfohlene Dosierung:** 1 × täglich 1 Gabe

▸ **Hepar sulfuris D30**
Eitrige Schleimbeutelentzündung, starke Berührungsempfindlichkeit, Schmerzhaftigkeit, alle eitrigen Entzündungen, akute Entzündung mit Neigung zur Eiterung, Abszess, drohender Abszess, Beschwerden schlechter durch Kälte, besser durch Wärme.

▪ **Empfohlene Dosierung:** 1 × täglich 1 Gabe

▸ **Rhus toxicodendron D30**
Akute und chronische Schleimbeutelentzündung, Gallen, Sehnenscheidenentzündung, Folgen von Verletzung und Überanstrengung von Muskeln und Sehnen, stärkt Sehnen, Bänder und Gelenkkapseln.
Leitsymptom: Besserung durch Bewegung und lokale Wärme.

▪ **Empfohlene Dosierung:** 1 × täglich 1 Gabe

▸ **Silicea D30**
Chronische Schleimbeutelentzündung, Kapselverdickungen, fördert die Ausheilung von eitrigen Entzündungen und chronischen Entzündungsprozessen, beschleunigt Gewebeheilung, gut mit Calcium fluoratum kombinierbar.

▪ **Empfohlene Dosierung:** 1 × täglich 1 Gabe

3.2 Sehnenentzündung

Beschreibung

Die Sehnenentzündung (Tendinitis) ist gekennzeichnet durch fibrilläre Zerreißungen einzelner Sehnenfasern, wodurch Entzündungsvorgänge (reparative Reaktion) in Gang gesetzt werden.
Beim Pferd sind davon hauptsächlich der oberflächliche und tiefe Zehenbeuger sowie der Fesselträger (schwerpunktmäßig an der Vordergliedmaße) betroffen.

Ursache

Überbelastung, Überanstrengung, Verletzungen (Prellung, Riss- und Schnittverletzung), Sehnen- und Bänderschwäche (Bindegewebsschwäche), Fehlstellungen.

Symptome

Akut: hochgradige Lahmheit, Schmerzhaftigkeit, Schwellung, Wärme.
Chronisch: schmerzlose Schwellung, Verdickungen, Verwachsungen, Lahmheit, je nach Ausmaß der Entzündung.

Allgemeine Behandlungsmaßnahmen

Ursache abstellen, Entlastung der betroffenen Gliedmaße (ggf. orthopädischer Hufbeschlag), entzündungshemmende, resorptionsfördernde Maßnahmen, Arbeitsruhe.
Akut: kühlende Anwendungen (Angussverbände, Acetatumschläge), Ruhigstellen der Gliedmaße (Polsterverband), Boxenruhe; später: feuchtwarme Wickel, vorsichtige Bewegung.
Chronisch: durchblutungsfördernde Anwendungen (Einreibungen, wärmende Umschläge), kontrollierte Bewegung.

Therapie

▸ **Rhus toxicodendron D30 = Hauptmittel**

Akute und chronische Sehnenentzündung, Folgen von Verletzung und Überanstrengung von Muskeln und Sehnen, Sehnenscheidenentzün-

dung, Gallen im Bereich von Sehnenscheiden, Verrenkung, Verstauchung, Zerrung, stärkt Sehnen, Bänder und Gelenkkapseln.
Leitsymptom: Besserung durch Bewegung und lokale Wärme.

- **Empfohlene Dosierung:** 1 × täglich 1 Gabe

▸ **Ruta D30 = Hauptmittel**
Akute und chronische Sehnenentzündung, Folgen von Überanstrengung, Zerrung, Quetschung, Verrenkung, Verletzung, Sehnenscheidenentzündung, Schleimbeutelentzündung, Bänderzerrung, Besserung durch leichte Bewegung und warme Anwendungen.

- **Empfohlene Dosierung:** 1 × täglich 1 Gabe

▸ **Symphytum D6 = Hauptmittel**
Sehnenentzündung, Verletzungsmittel, Verletzung von Sehnen und Knochenhaut, beschleunigt Gewebeheilung, entzündungshemmende und schmerzlindernde Wirkung, Prellung, Zerrung, schlechte Wundheilung, bewährt im Wechsel mit Ruta.

- **Empfohlene Dosierung:** 3 × täglich 1 Gabe

▸ **Bryonia D6**
Sehnenentzündung, akute und chronische Entzündungen von Schleimbeuteln, Sehnenscheiden und Gelenken, Ergüsse in serösen Höhlen, Berührungsempfindlichkeit, Bewegung verschlechtert.

- **Empfohlene Dosierung:** 3 × täglich 1 Gabe

▸ **Calcium fluoratum D30**
Stärkt Sehnen, Bänder und Gelenkkapseln, Sehnenschwäche, stärkt elastische Fasern des Bindegewebes, Bänderschwäche, Bindegewebsschwäche, Schwellung und Verhärtung in Sehnen, Gelenkkapseln, Bändern und Muskeln, gut mit Silicea kombinierbar.

- **Empfohlene Dosierung:** 1 × täglich 1 Gabe

▸ **Silicea D30**
Chronische Sehnenentzündung, fördert die Ausheilung von chronischen Entzündungsprozessen, **festigt Sehnen, Bänder und Gelenkkap-**

seln, beschleunigt Gewebeheilung, Bindegewebsschwäche, Bänderschwäche. Silicea wird in späten Stadien von Entzündungsprozessen (Heilphase) und zur konstitutionellen Stärkung von Bindegewebsschwäche eingesetzt.
Gut mit Calcium fluoratum kombinierbar.

- **Empfohlene Dosierung:** 1 × täglich 1 Gabe

3.3 Sehnenscheidenentzündung

Beschreibung

Die Sehnenscheidenentzündung (Tendovaginitis) ist ein häufiges Krankheitsbild beim Pferd. Betroffen sind hauptsächlich die Beugesehnen an den unteren Extremitäten.

Ursache

Überlastung, Verletzungen (Zerrung, Verstauchung, Schlag), Infektionen.

Symptome

Man unterscheidet bei der Sehnenscheidenentzündung eine akute von einer chronischen und eine nicht infektiöse von einer infektiöse Form.
Akute, nicht infektiöse Form: Schwellung, Wärme, Schmerzhaftigkeit, Lahmheit.
Chronische, nicht infektiöse Form: kalte, derbe Schwellung, geringe Schmerzhaftigkeit, meist keine Lahmheit.
Infektiöse Form: heftige Symptome, wie hochgradige Schmerzhaftigkeit und Lahmheit, ggf. auch Fieber, Fressunlust und Störung des Allgemeinbefindens.

Allgemeine Behandlungsmaßnahmen

Ursachen abstellen, Entlastung der betroffenen Gliedmaße, entzündungshemmende, resorptionsfördernde Maßnahmen, Arbeitsruhe.
Akute Form: kühlende Anwendungen (kalte Güsse, Acetatumschläge), Polsterverband, Boxenruhe, später resorptionsfördernde Maßnahmen (feuchtwarme Wickel, Einreibungen), leichte Bewegung.
Chronische Form: durchblutungsfördernde Maßnahmen (Einreibungen) dosierte Bewegung.
Die **infektiöse Sehnenscheidenentzündung** gehört in die Hände des Tierarztes und sollte antibiotisch und ggf. chirurgisch versorgt werden.

Therapie

▸ **Apis D6 = Hauptmittel**

Sehnenscheidenentzündung, akute und chronische Entzündungen im Bereich von Schleimbeuteln, Sehnenscheiden und Gelenken, Ergüsse in serösen Höhlen, akute Entzündungen mit Schwellungen und stechenden, brennenden Schmerzen, entzündliche und nicht entzündliche Ödeme, starke Berührungsempfindlichkeit, Besserung durch kalte Anwendungen.

- **Empfohlene Dosierung:** 3 × täglich 1 Gabe

▸ **Bryonia D6 = Hauptmittel**

Sehnenscheidenentzündung, akute und chronische Entzündungen von Schleimbeuteln, Sehnenscheiden und Gelenken, Ergüsse in serösen Höhlen, Berührungsempfindlichkeit, Bewegung verschlechtert.

- **Empfohlene Dosierung:** 3 × täglich 1 Gabe

▸ **Rhus toxicodendron D30 = Hauptmittel**

Akute und chronische Sehnenscheidenentzündung, Gallen im Bereich von Sehnenscheiden, Sehnenentzündung, Überanstrengung von Muskeln und Sehnen, Folgen von Überanstrengung, Folgen von Verletzung und Überanstrengung von Muskeln und Sehnen, Verrenkung, Verstauchung, Zerrung, stärkt Sehnen, Bänder und Gelenkkapseln, kann vorbeugend nach körperlicher Anstrengung verabreicht werden.
Leitsymptom: Besserung durch Bewegung und lokale Wärme.

- **Empfohlene Dosierung:** 1 × täglich 1 Gabe

▸ **Hepar sulfuris D30**

Eitrige Sehnenscheidenentzündung, starke Berührungsempfindlichkeit, Schmerzhaftigkeit, alle eitrigen Entzündungen, akute Entzündung mit Neigung zur Eiterung, Abszess, drohender Abszess, Beschwerden schlechter durch Kälte, besser durch Wärme.

- **Empfohlene Dosierung:** 1 × täglich 1 Gabe

▸ **Ruta D30**

Akute und chronische Sehnenscheidenentzündung, Gallen im Bereich von Sehnenscheiden, Sehnenentzündung, Schleimbeutelentzündung, Bänderzerrung, Folgen von Überanstrengung, Zerrung, Quetschung, Verrenkung, Verletzung, Besserung durch Bewegung und warme Anwendungen.

- **Empfohlene Dosierung:** 1 × täglich 1 Gabe

3.4 Überanstrengung

Therapie

▸ **Arnika D30 = Hauptmittel**

Überanstrengung, Folgen von Überanstrengung, Schlappheit, Muskelkater, Muskelschmerzen, kann auch vorbeugend nach körperlicher Anstrengung verabreicht werden.

- **Empfohlene Dosierung:** 1 × täglich 1 Gabe

▸ **Rhus toxicodendron D30 = Hauptmittel**

Überanstrengung von Muskeln und Sehnen, Folgen von Überanstrengung, Muskelkater, Muskelschmerz, steifer Gang, kann vorbeugend nach körperlicher Anstrengung verabreicht werden.
Leitsymptom: Besserung durch Bewegung.

- **Empfohlene Dosierung:** 1 × täglich 1 Gabe

▸ **Arsenicum album D6**

Schwäche und Erschöpfung, Zittern, Unruhe, Schwäche im Rücken.

- **Empfohlene Dosierung:** 3 × täglich 1 Gabe

▸ **Bellis perennis D30**

Überanstrengung, Muskelkater, Muskelschmerzen, steifer Gang.

- **Empfohlene Dosierung:** 1 × täglich 1 Gabe

▸ **Gelsemium D30**

Erschöpfung und Entkräftung, allgemeine Muskelschwäche, Lähmigkeit der Muskeln, Schwäche, Mattigkeit und Zittern.

- **Empfohlene Dosierung:** 1 × täglich 1 Gabe

3.5 Muskelkater

Beschreibung

Muskelschmerzen, vor allem in der Bewegung, die etwa 24–48 Stunden nach übermäßiger oder ungewohnter muskulärer Beanspruchung auftreten.

Ursache

Mikrofaserrisse in der Muskulatur mit nachfolgender entzündlicher Reaktion.

Symptome

Klammer, steifer Gang, unklare Lahmheiten, Berührungsempfindlichkeit, Muskelschmerzen.

Allgemeine Behandlungsmaßnahmen

Leichte Bewegung, Wärme.

Therapie

▸ **Arnica D30 = Hauptmittel**

Muskelkater, Muskelschmerzen, Muskelentzündung (frühe Entzündungsstadien), Überanstrengung, Folgen von Nässe, Kälte und Überanstrengung, Schlappheit, Berührungsempfindlichkeit, Zerschlagenheitsgefühl, lindert Schmerzen, kann auch vorbeugend nach körperlicher Anstrengung verabreicht werden.

- **Empfohlene Dosierung:** 1 × täglich 1 Gabe

▸ **Rhus toxicodendron D30 = Hauptmittel**

Muskelkater, Folgen von Überanstrengung und Durchnässung, steifer Gang, Überanstrengung von Muskeln und Sehnen, Muskelschmerz, Muskelrheuma, kann auch vorbeugend nach körperlicher Anstrengung verabreicht werden.
Leitsymptom: Schmerzen bessern sich durch Bewegung – „geht sich ein“!

- **Empfohlene Dosierung:** 1 × täglich 1 Gabe

▸ Acidum sarcolacticum D6

Muskelkater, Muskelentzündung, Muskelschmerzen, Muskelerschöpfung, Muskelschwäche, vorbeugend vor starker Belastung, Nachsorge nach starker Belastung.

- **Empfohlene Dosierung:** 3 × täglich 1 Gabe

▸ Bellis perennis D30

Muskelkater, Muskelschmerzen nach Überanstrengung, Muskelrheuma, steifer Gang.

- **Empfohlene Dosierung:** 1 × täglich 1 Gabe

3.6 Muskelentzündung

Beschreibung

Bei der Entzündung von Muskelgewebe (Myositis) findet man lokale Wärme, Schmerzhaftigkeit, Schwellungen, Verhärtungen, Steifheit, gestörte Bewegungsabläufe und Lahmheit.

Ursache

Verletzungen (Sturz, Schlag, Huftritt), Folge von Überanstrengung, Infektion, rheumatische Prozesse.

Allgemeine Behandlungsmaßnahmen

Im akuten Fall: Boxenruhe, entzündungshemmende Maßnahmen (kühlen!). **Im chronischen Fall:** durchblutungsfördernde Maßnahmen (Massage, Einreibungen, Wärme).

Therapie

▸ **Arnika D30 = Anfangsmittel**

Muskelentzündung (frühe Entzündungsstadien), Folgen von Verletzung und Überanstrengung, Empfindlichkeit der betroffenen Muskulatur bei Berührung, lindert Schmerzen, verbessert Wundheilung, Muskelschmerzen, Muskelrheuma, Muskelatrophie, Beschwerden: schlechter durch Bewegung, Berührung und Erschütterung, besser durch Ruhe.

- **Empfohlene Dosierung:** 1 × täglich 1 Gabe, im akuten Fall alle 3 Stunden 1 Gabe (3 ×)

▸ **Bryonia D6 = Hauptmittel**

Entzündungsmittel, brettharte Muskulatur, große Schmerzhaftigkeit, starke Berührungsempfindlichkeit, verfällt in starre Körperhaltung – meidet jede Bewegung, Steifheit und Empfindlichkeit der Muskulatur, Muskelrheumatismus, Muskelschmerzen.

Bryonia kann gut im Wechsel mit Belladonna verabreicht werden.

Wichtiges Leitsymptom: Verschlechterung durch die geringste Bewegung.

- **Empfohlene Dosierung:** 3 × täglich eine Gabe

▸ Apis D6

Muskelentzündung, akute Entzündungen mit Schwellungen und stechenden, brennenden Schmerzen, starke Berührungsempfindlichkeit, große Unruhe.

- **Empfohlene Dosierung:** 3 × täglich 1 Gabe

▸ Belladonna D6

Akute, heftige Entzündungen, berührungsempfindlich, große Schmerzhaftigkeit, alle Beschwerden kommen plötzlich, sind heftig, heiß, klopfend und pulsierend, Erregung und Unruhe, akutes Muskelrheuma. Schlechter durch Berührung, Bewegung und Erschütterung. Kann gut im Wechsel mit Bryonia gegeben werden.

- **Empfohlene Dosierung:** 3 × täglich 1 Gabe

▸ Rhus toxicodendron D30

Muskelentzündung, Folgen von Verletzung und Überanstrengung von Muskeln und Sehnen, Muskelschmerz, Muskelrheuma, Muskelkater. **Leitsymptom: Schmerzen bessern sich durch Bewegung.**

- **Empfohlene Dosierung:** 1 × täglich 1 Gabe

3.7 Muskelriss

Beschreibung

Zerreißen eines Skelettmuskels infolge direkter Gewalteinwirkung, durch extreme Muskelkontraktionen oder Überdehnungen.

Ursache

Verletzungen (Sturz, Ausgleiten, Hufschläge), starke Abwehrbewegungen, ruckartige Bewegungen, Überlastung, Überdehnung, Überanstrengung, Kaltstarts, abrupte Wendungen und Stopps.

Symptome

Plötzliche, schmerzhafte Schwellungen und vermehrte Wärme im Bereich des betroffenen Muskels, Schweißausbruch, Bewegungsstörung, Lahmheit, Lücken im Verlauf des eingerissenen Muskels.

Allgemeine Behandlungsmaßnahmen

Im akuten Fall entzündungshemmende Maßnahmen (kühlen), später durchblutungsfördernde Behandlungen (Massage, Einreibungen), Boxenruhe.

Therapie

▸ **Arnika D30 = Hauptmittel**

Muskelriss, Folgen von Verletzung und Überanstrengung, lindert Schmerzen, verbessert Wundheilung, Muskelentzündung (frühe Entzündungsstadien), Muskelschmerzen, Empfindlichkeit der betroffenen Muskulatur bei Berührung, Muskelatrophie, Beschwerden: schlechter durch Bewegung, Berührung und Erschütterung, besser durch Ruhe.
Arnika wird in jedem Fall gegeben – ein Muss!

- **Empfohlene Dosierung:** akut 3 × täglich 1 Gabe (3 Tage lang), dann 1 × täglich 1 Gabe

▸ **Calendula D30 = Hauptmittel**

Muskelriss, Gewebszerreißungen, Gewebsverlust, Bänderriss, Sehnenriss, starke Schmerzhaftigkeit, bei allen Fällen von Gewebsverlust, wenn die Adaption der Wundränder nicht erreicht werden kann.

- **Empfohlene Dosierung:** akut 3 × täglich 1 Gabe, dann 1 × täglich 1 Gabe

▸ **Bellis perennis D30**

Folgen von Muskel- und Nervenverletzungen, Muskelschmerzen nach Überanstrengung.

- **Empfohlene Dosierung:** akut 3 × täglich 1 Gabe, dann 1 × täglich 1 Gabe

▸ **Rhus toxicodendron D30**

Folgen von Verletzung und Überanstrengung von Muskeln und Sehnen, Muskelschmerz, Muskelentzündung.

- **Empfohlene Dosierung:** 1 × täglich 1 Gabe

3.8 Muskelschwund

Beschreibung
Muskeln bilden sich zurück.

Ursache
Inaktivität: Pferde werden nicht mehr regelmäßig geritten und stehen untätig herum, Pferde bewegen sich nicht mehr aufgrund schmerzhafter Prozesse.
Schädigung von Muskelgewebe: Muskelentzündung, Muskeldegeneration.
Schädigung von Nervengewebe, das den Muskel versorgt (Rückenmark, periphere Nerven).

Symptome
Abnahme der Muskelmasse und Funktionstüchtigkeit.

Allgemeine Behandlungsmaßnahmen
Dosierte Bewegung, Massage, durchblutungsfördernde Einreibungen, ausreichende Versorgung mit Vitamin E, Behandlung der Ursachen.

Therapie
▸ **Arnika D30 = Hauptmittel**

Muskelschwund, Folgen von Verletzung, Muskeltonikum, Muskelschmerzen, Muskelrheuma, Muskelentzündung (frühe Entzündungsstadien), Folgen von Überanstrengung.

- **Empfohlene Dosierung:** 1 × täglich 1 Gabe

▸ **Bellis perennis D30**

Folgen von Muskel- oder Nervenverletzungen, Muskelschmerzen nach Überanstrengung, Muskelrheuma.

- **Empfohlene Dosierung:** 1 × täglich 1 Gabe

▸ **Ferrum metallicum D30**
Muskeln schlaff und ohne Spannung, **Blutarmut**, Schwäche, Muskelrheuma.

▪ **Empfohlene Dosierung:** 1 × täglich 1 Gabe

▸ **Gelsemium D30**
Muskelschwund durch **Störungen der entsprechenden Nervenversorgung**, allgemeine Muskelschwäche, Lähmung von Muskeln, Schwäche, Mattigkeit und Zittern, Erschöpfung und Entkräftung.

▪ **Empfohlene Dosierung:** 1 × täglich 1 Gabe

▸ **Hypericum D30**
Muskelschwund, der bedingt ist durch **Schädigung von Nervengewebe**, das den betreffenden Muskel versorgt.

▪ **Empfohlene Dosierung:** 1 × täglich 1 Gabe

▸ **Plumbum aceticum D6**
Muskelschwund bei Lähmungserscheinungen (Schädigung von Nervengewebe)

▪ **Empfohlene Dosierung:** 3 × täglich 1 Gabe

▸ **Rhus toxicodendron D30**
Folgen von Überanstrengung von Muskeln und Sehnen, Muskelschmerz, Muskelrheuma, Muskelentzündung.

▪ **Empfohlene Dosierung:** 1 × täglich 1 Gabe

3.9 Gallen

Beschreibung

Unter Gallen versteht man vermehrte Füllungszustände von Gelenkkapseln, Sehnenscheiden und Schleimbeuteln mit wässriger Flüssigkeit (Synovialflüssigkeit/Hygrom). Der Übergang vom nicht entzündlichen Zustand zum entzündlichen Prozess (Gelenkentzündung, Sehnenscheidenentzündung, Schleimbeutelentzündung) ist manchmal schwierig abzugrenzen.

Ursache

Gallen können angeboren oder erworben sein (Veranlagung!), chronische Irritationszustände, Überanstrengung und Überbelastung der betroffenen Gewebe, zu frühes Anreiten, zu tiefer oder zu harter Boden, mechanische Reizung durch freie Gelenkkörper/Chips, Druck durch Bandagen und Gamaschen, Stellungsfehler, Bewegungsmangel, Verletzungen (Quetschung, Schlag, Prellung, Verrenkung, Verstauchung). Plötzliches Auftreten von beidseitigen Gallen, meist bei Jungtieren, findet man auch bei übermäßigem Eiweißangebot, vor allem im Frühjahr (zu viel Weidegang).

Symptome

Flüssigkeitsgefüllte Vorwölbungen im Bereich der betroffenen Gelenke, Sehnenscheiden und Schleimbeuteln (z. B. Sprunggelenk, Fesselgelenk, Vorderfußwurzelgelenk, Kniegelenk), nicht schmerzhaft, kalt, keine Lahmheit (wenn Entzündungszeichen, wie Schmerzhaftigkeit und Wärme hinzutreten, kommt es auch zu Lahmheiten).

Allgemeine Behandlungsmaßnahmen

Durchblutungsfördernde Maßnahmen: regelmäßige Kaltwasseranwendungen, Bewegung, Einreibungen, rohfaserreiche und eiweißarme Fütterung, dosierte Weidezeiten, bei Stellungsfehlern Korrekturbeschlag, Entfernung von freien Gelenkkörpern/OP. Gallen werden von manchen Therapeuten als Schönheitsfehler angesehen, deren Behandlung nicht unbedingt erforderlich ist, soweit keine Bewegungsstörungen damit verbunden sind.

Therapie

▸ **Apis D30 = Hauptmittel**

Gallen, akute und chronische Entzündungen im Bereich von Sehnenscheiden, Gelenken und Schleimbeuteln, Ödeme an den Hintergliedmaßen, entzündliche und nicht entzündliche Ödeme, Ergüsse in Körperhöhlen, regt Harnausscheidung an.

- **Empfohlene Dosierung:** 1 × täglich 1 Gabe

▸ **Bryonia D30 = Hauptmittel**

Gallen jeglicher Art, Entzündungsmittel, akute und chronische Entzündungen von Schleimbeuteln, Sehnenscheiden und Gelenken, Ergüsse in serösen Höhlen.

- **Empfohlene Dosierung:** 1 × täglich eine Gabe

▸ **Calcium fluoratum D30**

Gallen infolge chronischer Reizzustände und schwacher Sehnen- und Gelenkstrukturen, Erschlaffung elastischer Strukturen, stärkt Sehnen und Bänder und Gelenkkapseln, Bänderschwäche, Bindegewebsschwäche, schlaffe Konstitution, Sehnenschwäche, Gelenkschwäche, Folgen von Ernährungsstörungen im Jungtieralter, Wachstumsstörungen, stärkt elastische Fasern des Bindegewebes, gut mit Silicea kombinierbar.

- **Empfohlene Dosierung:** 1 × täglich 1 Gabe

▸ **Rhus toxicodendron D30**

Gallen im Bereich von Sehnenscheiden, akute und chronische Sehnenscheidenentzündung, Überanstrengung von Muskeln und Sehnen, Folgen von Überanstrengung, Folgen von Verletzung und Überanstrengung von Muskeln und Sehnen, stärkt Sehnen, Bänder und Gelenkkapseln.

- **Empfohlene Dosierung:** 1 × täglich 1 Gabe

▸ **Ruta D30**

Gallen im Bereich von Sehnenscheiden, akute und chronische Sehnenscheidenentzündung

- **Empfohlene Dosierung:** 1 × täglich 1 Gabe

▸ Silicea D30

Gallen infolge chronischer Reizzustände und schwacher Sehnen- und Gelenkstrukturen, fördert die Ausheilung von chronischen Entzündungsprozessen, Bindegewebsschwäche, Bänderschwäche, mangelnder Halt und Festigkeit in den Gelenken, festigt Sehnen, Bänder und Gelenkkapseln, stabilisiert Schwächezustände, schwächliche Konstitution mit schlaffer Muskulatur und Bandapparat, schlaffe Körperhaltung, Wachstumsstörungen. Silicea wird zur konstitutionellen Stärkung von Bindegewebsschwäche eingesetzt und ist gut mit Calcium fluoratum kombinierbar.

- **Empfohlene Dosierung:** 1 × täglich 1 Gabe

3.10 Einschuss, Einschussphlegmone

Beschreibung

Phlegmone ist eine bakterielle Entzündung der Unterhaut, die plötzlich entsteht und die Neigung hat, sich rasch auszudehnen. Beim Pferd tritt sie meist an den Hintergliedmaßen auf.

Ursache

Bakterien (meist Streptokokken), die über Hautverletzungen eindringen. Die Verletzungen sind häufig sehr unscheinbar und werden leicht übersehen. Diskutiert wird auch eine verminderte Ausscheidung von Stoffwechselprodukten. Oft sind Pferde betroffen, die gut gefüttert und zu wenig bewegt werden.

Symptome

Plötzliche, entzündlich-teigige Anschwellung im Bereich der Hintergliedmaßen, die vermehrt warm und schmerzhaft ist und die Tendenz hat sich rasch auszubreiten. Klinisch ist es sinnvoll eine leichte Verlaufsform von einer schweren Verlaufsform zu unterscheiden.
Leichte Verlaufsform: kein Fieber, keine Störung des Allgemeinbefindens, geringgradige Lahmheiten.
Schwere Verlaufsform: Fieber, Appetitlosigkeit, große Schmerzhaftigkeit, großflächige Ausdehnung der entzündlichen Schwellung, Abszessbildungen, Schwitzen, Mattigkeit, starke Lahmheit, starke Beeinträchtigung des Allgemeinbefindens.

Allgemeine Behandlungsmaßnahmen

Entzündungshemmende, schmerzlindernde Maßnahmen, warme, desinfizierende Angussverbände, Breiumschläge, knappe Fütterung.
Akut: Boxenruhe, vorsichtige Bewegung.
Chronisch: regelmäßige, leichte Bewegung. Tiere mit Fieber und gestörtem Allgemeinbefinden gehören in die Hände eines Tierarztes!

Therapie

▸ Aconitum D6 = Anfangsmittel

Im **akuten, fieberhaften Anfangsstadium** (1. Tag), gestörtes Allgemeinbefinden, plötzlicher Beginn.

- **Empfohlene Dosierung:** jede 2. Stunde 1 Gabe (4 ×)

▸ Hepar sulfuris D30 = Hauptmittel

Phlegmone, alle **eitrigen** Entzündungen, akute Entzündung mit Neigung zur Eiterung, große Schmerzhaftigkeit, berührungsempfindlich, Abszess, drohender Abszess, Beschwerden schlechter durch Kälte, besser durch Wärme.

- **Empfohlene Dosierung:** akut 3 × täglich 1 Gabe, dann 1 × täglich 1 Gabe

▸ Apis D6

Phlegmone, akute Entzündungen mit Schwellungen und stechenden, brennenden Schmerzen, starke Berührungsempfindlichkeit, große Unruhe, schnelle Bildung entzündlicher Ödeme, Lymphangitis, regt Nierentätigkeit und Harnausscheidung an.

- **Empfohlene Dosierung:** 3 × täglich 1 Gabe

▸ Belladonna D6

Akute, heftige Entzündungen, berührungsempfindlich, große Schmerzhaftigkeit, alle Beschwerden kommen plötzlich, sind heftig, heiß, klopfend und pulsierend, Erregung und Unruhe, Tier schwitzt stark, weite Pupillen. Belladonna ist ein sehr bewährtes Mittel für akute, lokale Entzündungen sowie fieberhafte Infekte. Beschwerden: schlechter durch Berührung, Bewegung und Erschütterung.

- **Empfohlene Dosierung:** 3 × täglich 1 Gabe

▸ Lachesis D30

Phlegmone, akut fieberhafte Entzündungen, Fieber, Puls- und Atemfrequenz erhöht, Appetit vermindert, Berührungsempfindlichkeit, starke Beeinträchtigung des Allgemeinbefindens, **Blutvergiftung (Sepsis)**, entzündliche Ödeme, Lymphangitis.

- **Empfohlene Dosierung:** 1 × täglich 1 Gabe

▸ **Silicea D30**

Fördert die Ausheilung von eitrigen Entzündungen und chronischen Entzündungsprozessen, fördert Ausheilung von Abszessen nach Eröffnung und Entleerung, Neigung zu Eiterung und Abszessen, beschleunigt Gewebeheilung, gutes Folgemittel von Hepar sulfuris.

Silicea wird in späten Stadien des Entzündungsprozesses eingesetzt (Heilphase).

- **Empfohlene Dosierung:** 1 × täglich 1 Gabe

CAVE Grenzen der Selbstmedikation beachten!

3.11 Hahnentritt

Beschreibung

Unter Hahnentritt (Zuckfuß) versteht man eine Störung in der Koordination des Bewegungsablaufs einer oder beider Hintergliedmaßen. Die betroffene Gliedmaße wird plötzlich ruckartig gebeugt und zum Teil extrem hochgezogen – vor allem aus dem Stand heraus und im Schritt.

Ursache

Die Ursachen sind nur teilweise bekannt. Man unterscheidet zwei Formen: Bei der **symptomatischen Form** beobachtet man eine gesteigerte Reflexerregung auf Grund verschiedener schmerzhafter Zustände an der betroffenen Gliedmaße (z. B. bei Spat, Mauke, Nageltritt, Kniescheibenluxation). Bei der **echten Form** vermutet man Erkrankungen der peripheren Nerven der Hintergliedmaßen oder krankhafte Veränderungen im Bereich des Rückenmarks. Auch eine Vergiftung mit Weidepflanzen wird diskutiert, vor allem im Spätsommer und Herbst (Australischer Hahnentritt, Dietz/Huskamp).

Symptome

Krampfartiges Aufziehen einer oder beider Hintergliedmaßen, mäßig zuckende Bewegung bis hin zu starkem, unwillkürlichem Aufwärtszucken der Hintergliedmaße, beschleunigte Streckung und stampfendes Aufsetzen der Gliedmaße, stechschrittartige Bewegung.

Allgemeine Behandlungsmaßnahmen

Lokale Wärmeanwendungen im Bereich Lendenwirbelsäule, Kreuzbein, Iliosakralgelenk, **Akupunktur**, Neuraltherapie, Vitamin-B-Injektionen.

Therapie

▸ **Hypericum D30 = Hauptmittel**

Nervenverletzungen, Nervenschädigung, Rückenmarksverletzungen; Zerrung, Quetschung und Verletzung von nervenreichen Geweben, Prellung und Verletzung der Wirbelsäule, Blockaden im Bereich der Wirbelsäule, Neuralgien, Nervenentzündung, Parästhesien.

- **Empfohlene Dosierung:** 1 × täglich 1 Gabe

▸ **Gelsemium D30**
Mangelnde Koordination von Muskeln, Muskelschwäche und Zittern, Krämpfe, Verlust der Muskelkraft und -kontrolle, Lähmung von Muskeln, verschiedene Grade motorischer Lähmung, Lähmung infolge von Infektionskrankheiten, Muskelschwund durch Störung der entsprechenden Nervenversorgung, Neuralgie, Myalgie, Erschöpfung der Nerven.

- **Empfohlene Dosierung:** 1 × täglich eine Gabe

▸ **Rhus toxicodendron D30**
Überanstrengung von Muskeln und Sehnen, Folgen von Verletzung und Überanstrengung von Muskeln und Sehnen, Muskelschmerz, Muskelentzündung, Muskelrheuma, Muskelkater, Folgen von Überanstrengung und Durchnässung, steifer Gang, akute und chronische Sehnenentzündung, akute und chronische Sehnenscheidenentzündung, Verrenkung, Verstauchung, Zerrung, stärkt Sehnen, Bänder und Gelenkkapseln.
Leitsymptom: Symptome bessern sich durch Bewegung – „geht sich ein"!

- **Empfohlene Dosierung:** 1 × täglich 1 Gabe

▸ **Strychninum D200**
Muskelspasmen, Zuckungen, Krämpfe durch Reflexübererregbarkeit des Rückenmarks, tetanische Krämpfe, Neuritis.

- **Empfohlene Dosierung:** 1 × täglich 1 Gabe (5 Tage lang, nach MacLeod)

3.12 Kreuzverschlag

Beschreibung

Der Kreuzverschlag ist eine akut auftretende, schmerzhafte Muskelentzündung, vor allem im Bereich Lenden-, Kruppen- und Oberschenkelmuskulatur. Man unterscheidet den klassischen Kreuzverschlag vom atypischen Kreuzverschlag. Die klassische Form tritt vorwiegend bei gut trainierten Pferden auf, die, nach Ruhepausen bei voller Fütterung, wieder in schwere Arbeit genommen werden. Die atypische Form des Kreuzverschlags betrifft meist Weidepferde zu Beginn der kalten Jahreszeit.

Ursache

Klassischer Kreuzverschlag: fütterungsbedingte Anhäufung von Kohlenhydraten, die zu einer überschießenden Milchsäurebildung in der betroffenen Muskulatur führen.

Atypischer Kreuzverschlag: Die Ursachen sind nicht eindeutig geklärt. Diskutiert werden Faktoren wie plötzliche Kälte und spezielle Futterpflanzen, die vermehrt oxidative Substanzen enthalten und so einen relativen Vitamin-E/Selen-Mangel hervorrufen.

Symptome

Leichte Verlaufsform: Bewegungsunlust, steifer Gang, verspannte Lenden- und Kruppenmuskulatur, empfindliche Kreuzbeinregion, keine Urinverfärbung (Myoglobinurie).

Schwere Verlaufsform: Bewegungsunwillig, Schwanken der Nachhand, bewegt sich gar nicht, Festliegen, harte Muskulatur, Schmerzen, Zittern, große Berührungsempfindlichkeit, Schweißausbruch, dunkler Urin, erschwerter Harnabsatz.

Allgemeine Behandlungsmaßnahmen

Entzündungshemmende, schmerzlindernde Maßnahmen, pH-Wert-Regulierung, Ruhe, Warmhalten (Eindecken), Anregung der Nierentätigkeit, rohfaserreiche Futterration, ausreichende Vitamin-E/Selen-Versorgung.

Therapie

▸ Arnika D30 = Anfangsmittel

Muskelkater, Muskelschmerzen, Muskelrheuma, Muskelentzündung (frühe Entzündungsstadien), Überanstrengung, Folgen von Nässe, Kälte und Überanstrengung, Empfindlichkeit der kranken Körperteile bei Berührung, lindert Schmerzen, verbessert Wundheilung, beugt Schockzuständen vor, Harnverhaltung infolge von Überanstrengung, Muskelatrophie, Muskeltonikum, schlechter durch Bewegung, Berührung und Erschütterung, besser durch Ruhe.

- **Empfohlene Dosierung:** alle 3 Stunden 1 Gabe (3 ×) am ersten Tag

▸ Bryonia D6 = Hauptmittel

Entzündungsmittel, Kreuzverschlag, bretttharte Muskulatur nach Durchnässung, große Schmerzhaftigkeit, starke Berührungsempfindlichkeit, verfällt in starre Körperhaltung – meidet jede Bewegung, Steifheit und Empfindlichkeit der Muskulatur, Rückenprobleme infolge von Kälte und Nässe, steifer Rücken mit stechenden Schmerzen, Muskelrheumatismus, Muskelschmerzen, Rückenmuskelnekrose.
Bryonia kann gut im Wechsel mit Belladonna verabreicht werden.
Wichtiges Leitsymptom: Verschlechterung durch die geringste Bewegung.

- **Empfohlene Dosierung:** 3 × täglich eine Gabe

▸ Acidum sarcolacticum D6

Nachsorge nach Kreuzverschlag und Lumbago, Muskelkater, Muskelentzündung, Muskeldegeneration, Muskelschmerzen, Muskelerschöpfung, Muskelschwäche, Muskelrheuma, **vorbeugend vor starker Belastung.**

- **Empfohlene Dosierung:** 3 × täglich 1 Gabe

▸ Apis D6

Entzündungen, akute Entzündungen mit Schwellungen und stechenden, brennenden Schmerzen, starke Berührungsempfindlichkeit, große Unruhe, Muskelrheuma, Muskelentzündung, Rückenmuskelnekrose, regt Harnausscheidung an.

- **Empfohlene Dosierung:** 3 × täglich 1 Gabe

▸ **Belladonna D6**

Akute, heftige Entzündungen, die klassischen Entzündungszeichen sind Leitsymptome für diese Arznei (Rötung, Schwellung, Hitze, Schmerz), Tier schwitzt stark, hat weite Pupillen, Erregung und Unruhe, berührungsempfindlich, große Schmerzhaftigkeit, alle Beschwerden kommen plötzlich, sind heftig, heiß, klopfend und pulsierend, Lumbago, akutes Muskelrheuma, Rückenmuskelnekrose, Folgen von Kälte und Durchnässung, schlechter durch Berührung, Bewegung und Erschütterung. Kann gut im Wechsel mit Bryonia gegeben werden.

- **Empfohlene Dosierung:** 3 × täglich 1 Gabe, im akuten Anfangsstadium jede Stunde 1 Gabe

▸ **Bellis perennis D30**

Muskelschmerzen nach Überanstrengung, Muskelrheuma, Muskelkater, steifer Gang, Kreuzverschlag, übermäßige Abgabe dunklen Urins.

- **Empfohlene Dosierung:** 3 × täglich 1 Gabe (1. Tag), sonst 1 × täglich 1 Gabe

▸ **Berberis D6**

Aktiviert Nierentätigkeit und die Ausscheidung harnpflichtiger Stoffe, Schmerzen und Empfindlichkeit in der Nierengegend, Muskel- und Gelenkrheuma, Lumbago, Steifheit und Lahmheit im Rücken, Ausscheidung dunklen Urins, Harnverhaltung, Bewegung verschlimmert, Ausleitungsmittel bei Kreuzverschlag.

- **Empfohlene Dosierung:** 3 × täglich 1 Gabe

▸ **Nux vomica D6**

Folgen von Bewegungsmangel, Folgen von Fütterungsfehlern, Pflanzenvergiftungen oder Medikamenten, Arbeit bei kaltem Wetter, Harnverhaltung, Lumbago, sehr kälteempfindlich, Muskelrheuma, Gang steif, Bewegung eingeschränkt, Muskelzittern, Sägebockstellung.

- **Empfohlene Dosierung:** Bei Beginn der Behandlung 3 × täglich 1 Gabe (1. Tag), später wird mit Entzündungsmitteln weitergearbeitet.

CAVE Grenzen der Selbstmedikation beachten!

3.13 Polysaccharid-Speicher-Myopathie (PSSM)

Beschreibung

PSSM ist eine erblich bedingte Muskelstoffwechselerkrankung. Diesen Gendefekt findet man vor allem bei muskulösen Rassen wie Quarter Horse, Paint Horse, Appaloosa, Haflinger und Kaltblüter. Sie ist gekennzeichnet durch abnorme Polysaccharidspeicherung in der Muskulatur. Im typischen Fall kommt es nach 10–20 Minuten leichter Arbeit zu den ersten Störungen im Bewegungsablauf.

Ursache

Gendefekt, Störung des Kohlenhydratstoffwechsels, abnorme Polysaccharidspeicherung in der Muskulatur.

Symptome

Die Symptome sind ähnlich wie bei leichteren Formen des Kreuzverschlags: Bewegungsunlust, Muskelzittern, Steifigkeit, Schwitzen, wechselnde Lahmheiten bis hin zur Bewegungsunfähigkeit.

Allgemeine Behandlungsmaßnahmen

Entzündungshemmende, schmerzlindernde Maßnahmen, pH-Wert-Regulierung, Ruhe, Warmhalten (Eindecken), Anregung der Nierentätigkeit, rohfaserreiche Futterration, ausreichende Vitamin-E/Selen-Versorgung.

Prophylaxe: Ausreichend Grundfutter (Heu), fettreiche, kohlenhydratarme Diät. Regelmäßige, tägliche Bewegung, Offenstallhaltung.

Therapie

▸ **Arnika D30 = Anfangsmittel**

Muskelkater, Muskelschmerzen, Muskelrheuma, Muskelentzündung (frühe Entzündungsstadien), Überanstrengung, Folgen von Nässe, Kälte und Überanstrengung, Empfindlichkeit der kranken Körperteile bei Berührung, lindert Schmerzen, verbessert Wundheilung, beugt Schockzuständen vor, Muskelatrophie, Muskeltonikum, schlechter durch Bewegung, Berührung und Erschütterung, besser durch Ruhe.

- **Empfohlene Dosierung:** 3 × täglich 1 Gabe (am ersten Tag)

▸ **Apis D6 = Hauptmittel**

Akute Entzündung mit Schwellung und stechenden, brennenden Schmerzen, starke Berührungsempfindlichkeit, große Unruhe, Muskelrheuma, Muskelentzündung, Rückenmuskelnekrose, regt Harnausscheidung an.

- **Empfohlene Dosierung:** 3 × täglich 1 Gabe

▸ **Bryonia D6 = Hauptmittel**

Entzündungsmittel, Kreuzverschlag, bretthharte Muskulatur nach Durchnässung, große Schmerzhaftigkeit, starke Berührungsempfindlichkeit, verfällt in starre Körperhaltung – meidet jede Bewegung, Steifheit und Empfindlichkeit der Muskulatur, Rückenprobleme infolge von Kälte und Nässe, steifer Rücken mit stechenden Schmerzen, Muskelrheumatismus, Muskelschmerzen, Rückenmuskelnekrose.
Wichtiges Leitsymptom: Verschlechterung durch die geringste Bewegung.

- **Empfohlene Dosierung:** 3 × täglich eine Gabe

▸ **Acidum sarcolacticum D6**

Nachsorge nach Kreuzverschlag und Lumbago, Muskelkater, Muskelentzündung, Muskeldegeneration, Muskelschmerzen, Muskelerschöpfung, Muskelschwäche, Muskelrheuma, **vorbeugend vor starker Belastung.**

- **Empfohlene Dosierung:** 3 × täglich 1 Gabe

▸ **Belladonna D6**

Akute, heftige Entzündungen, die klassischen Entzündungszeichen sind Leitsymptome für diese Arznei (Rötung, Schwellung, Hitze, Schmerz), Tier schwitzt stark, hat weite Pupillen, Erregung und Unruhe, berührungsempfindlich, große Schmerzhaftigkeit, alle Beschwerden kommen plötzlich, sind heftig, heiß, klopfend und pulsierend, Lumbago, akutes Muskelrheuma, Rückenmuskelnekrose, Folgen von Kälte und Durchnässung, schlechter durch Berührung, Bewegung und Erschütterung. Kann gut im Wechsel mit Bryonia gegeben werden.

- **Empfohlene Dosierung:** 3 × täglich 1 Gabe, im akuten Anfangsstadium jede Stunde 1 Gabe

CAVE Grenzen der Selbstmedikation beachten!

4 Knochen

4.1 Knochenbruch

Beschreibung

Die Beurteilung und eventuelle Behandlung eines Knochenbruchs gehören in die Hände eines Tierarztes! Art, Ausmaß und Lokalisation des Bruchs bestimmen die Möglichkeiten der Behandlung und können durch eine röntgenologische Untersuchung exakt aufgezeigt werden.

Ursache

Gewalteinwirkung, minderwertiges, schlecht mineralisiertes Knochengewebe.

Symptome

Starke Schmerzen, in der Regel hochgradige Lahmheit mit weitgehender Entlastung der betroffenen Gliedmaße in Ruhestellung, schmerzhafte Schwellung im Bereich der Bruchstelle.

Allgemeine Behandlungsmaßnahmen

Ein Bruch muss tierärztlich versorgt werden! Die Knochenheilung kann jedoch sehr gut durch homöopathische Arzneimittel unterstützt werden.

Therapie

▸ **Arnika D30 = Anfangsmittel**

Hauptmittel bei Verletzungen aller Art, kann **sofort** nach jeder Art von Unfall oder Knochenbruch gegeben werden, lindert Schmerzen, fördert Blutstillung, verbessert Wundheilung, beugt Schockzuständen vor, vor jeder Operation, schlechter durch Bewegung und Erschütterung, besser durch Ruhe.

- **Empfohlene Dosierung:** im akuten Fall alle 3 Stunden 1 Gabe (3 ×), sonst 1 × täglich 1 Gabe

▸ **Calcium phosphoricum D6 = Hauptmittel**

Reguliert Kalk- und Knochenstoffwechsel, reguliert Wachstum und Regeneration von Knochengewebe, fördert Knochenbildung und Festigkeit der Knochen, Knochenbruch, verzögerte Knochenheilung, Demineralisation, spröde, leicht brechende Knochen. Bewährt in Kombination mit Symphytum D6.

- **Empfohlene Dosierung:** 3 × täglich 1 Gabe (ca. 2 Monate lang)

▸ Symphytum D6 = Hauptmittel

Knochenbruch, Heilung und Regeneration von Schäden im Knochen- und Knochenhautbereich, fördert Kallusbildung bei Knochenbrüchen, fördert den Heilungsprozess und beschleunigt das Zusammenwachsen der Bruchenden, Folgen von Knochenbrüchen, Neubildungen im Knochen- und Knochenhautbereich, Knochenverletzungen. Bewährt in Kombination mit Calcium phosphoricum D6.

- **Empfohlene Dosierung:** 3 × täglich 1 Gabe (ca. 2 Monate lang)

▸ Ruta D6

Verletzungen von Knochen und Knochenhaut, Knochenbruch, Knochenprellung, Knochenhautentzündung, beschleunigt Heilung von Knochenverletzungen, bewährt im Wechsel mit Symphytum.

- **Empfohlene Dosierung:** 3 × täglich 1 Gabe

CAVE Grenzen der Selbstmedikation beachten!

4.2 Knochenhautentzündung

Beschreibung

Entzündungen der Knochenhaut (Periostitis) findet man vor allem im Bereich der unteren Gliedmaßen. Röhrbein und Fesselbein sind bevorzugt betroffen sowie die Ansatzstellen von Sehnen und Gelenkbändern. Bei chronischen Entzündungsverläufen bilden sich oftmals Überbeine.

Ursache

Verletzungen wie Schlag, Stoß, Prellung oder Verstauchung führen zu Quetschung und Reizung der Knochenhaut. Muskuläre Überbelastungen mit starken Zug- und Druckkräften an den Ansatzstellen der Sehnen können ebenfalls zu Knochenhautreizungen führen.

Symptome

Frische Fälle: Bewegungsstörung, akute Lahmheit, schmerzhafte entzündliche Schwellung.
Alte Fälle: schmerzlose knochenharte Verdickungen ohne Zeichen von Lahmheit.

Allgemeine Behandlungsmaßnahmen

In akuten Fällen: entzündungshemmende Maßnahmen, Kälteanwendungen.

Therapie

▸ **Arnika D30 = Anfangsmittel**

Hauptmittel bei Verletzungen aller Art, soll **sofort nach der Verletzung** gegeben werden, lindert Schmerzen, fördert Blutstillung, verbessert Wundheilung, vor jeder Operation, schlechter durch Bewegung und Erschütterung, besser durch Ruhe.

- **Empfohlene Dosierung:** 1 × täglich 1 Gabe, im akuten Fall alle 3 Stunden 1 Gabe (3 ×)

▸ Ruta D6 = Hauptmittel

Verletzungen von Knochen und Knochenhaut, Knochenprellung, **akute** und **chronische Knochenhautentzündung**, beschleunigt Heilung von Knochenverletzungen, verhindert das Entstehen von Überbeinen, bewährt im Wechsel mit Symphytum.

- **Empfohlene Dosierung:** 3 × täglich 1 Gabe

▸ Symphytum D6 = Hauptmittel

Akute und **chronische** Entzündungen der Knochenhaut, Heilung und Regeneration von Schäden im Knochen- und Knochenhautbereich, Arthrose, Knochenwucherungen, Neubildungen im Knochen und Knochenhautbereich, Knochenbruch, Knochenverletzungen, Überbeine, Kapselschäden, bewährt im Wechsel mit Ruta.

- **Empfohlene Dosierung:** 3 × täglich 1 Gabe

▸ Calcium fluoratum D30

Bei **chronischen** Knochenhautentzündungen, wenn bereits Überbeine vorhanden sind, degenerative, deformierende Erkrankungen an Knochen und Gelenken, gestörter Knochenstoffwechsel, Verhärtungen von steinerner Härte. Kann gut im Wechsel mit Silicea gegeben werden.

- **Empfohlene Dosierung:** 1 × täglich 1 Gabe (Langzeittherapie 2–3 Monate!)

▸ Silicea D30

Knochenauftreibungen, Überbeine, Bindegewebsverhärtungen, resorbiert fibröses Gewebe bei chronischen Prozessen, wenn bereits Überbeine vorhanden sind, Knochenschmerzen, **chronische** Entzündungsprozesse, Knochenhautentzündungen nach Tritt- und Schlagverletzungen. Kann gut im Wechsel mit Calcium fluoratum gegeben werden.

- **Empfohlene Dosierung:** 1 × täglich 1 Gabe (Langzeittherapie 2–3 Monate!)

4.3 Überbein

Beschreibung

Überbeine (Exostosen) entstehen aufgrund von lang bestehenden Reizungen der Knochenhaut, beziehungsweise von Ansatzstellen der Sehnen und Bänder an der Knochenhaut. Beim Pferd sind sie vor allem an den Vordergliedmaßen im Bereich von Röhrbein und Fesselbein zu finden.

Ursache

Verletzungen durch Schlag, Stoß und Prellung (traumatische Überbeine), fortgesetzte Zerrung und Reizung von Bändern und Sehnen durch starke Zug- und Druckbelastungen (spontane Überbeine).

Symptome

Meist keine Lahmheit, schmerzlose, knochenharte Verdickungen.

Allgemeine Behandlungsmaßnahmen

Durchblutungsfördernde Maßnahmen.

Therapie

▸ **Calcium fluoratum D30**

Bei chronischen Knochenhautentzündungen, wenn bereits Überbeine vorhanden sind, degenerative, deformierende Erkrankungen an Knochen und Gelenken, gestörter Knochenstoffwechsel, Verhärtungen von steinerner Härte, Arthrose, Exostosen.

- **Empfohlene Dosierung:** 1 × täglich 1 Gabe (Langzeittherapie 2–3 Monate!)

▸ **Hekla lava D4**

Überbein, Knochenauswüchse, Knochenhautentzündung, Knochenentzündung, Arthrose, Gelenkschale, Spat, Exostosen.

- **Empfohlene Dosierung:** 2 × täglich 1 Gabe (mehrere Wochen!)

▸ **Silicea D30**

Knochenauftreibungen, Überbeine, Bindegewebsverhärtungen, resorbiert fibröses Gewebe bei chronischen Prozessen, wenn bereits Überbeine vorhanden sind, Knochenschmerzen, chronische Entzündungsprozesse, fördert Rückbildung von Narbengewebe, Knochenhautentzündungen nach Tritt- und Schlagverletzungen. Kann gut im Wechsel mit Calcium fluoratum D30 gegeben werden.

- **Empfohlene Dosierung:** 1 × täglich 1 Gabe (Langzeittherapie 2–3 Monate!)

▸ **Symphytum D12**

Überbeine, Kapselschäden, Knochenwucherungen, akute und chronische Entzündungen der Knochenhaut, Heilung und Regeneration von Schäden im Knochen- und Knochenhautbereich, Arthrose, Neubildungen im Knochen- und Knochenhautbereich, Knochenverletzungen. Kann gut im Wechsel mit Hekla lava D12 gegeben werden.

- **Empfohlene Dosierung:** 1 × täglich 1 Gabe (Langzeittherapie 2–3 Monate!)

5 Huf

5.1 Rehe

Beschreibung

Rehe ist eine nicht infektiöse Entzündung der Huflederhaut. Meist sind die beiden Vordergliedmaßen betroffen, es können aber auch die Hintergliedmaßen oder alle vier Hufe erkrankt sein.

Ursache

Quetschung und Prellung der Huflederhaut durch Überanstrengung, frischen Hufbeschlag, harten Boden; Fütterung (fette Weiden, zu viel Eiweiß, zu viel Kohlenhydrate), giftige Futterpflanzen (z. B. Wiesenschaumkraut), Medikamente, Nachgeburtsverhaltung, Equines Cushing-Syndrom. Oftmals gehen der Rehe Störungen im Verdauungstrakt voran, die mittelbar oder unmittelbar mit dem Futter zusammenhängen.

Symptome

Akute Rehe: plötzliche, hochgradige Lahmheit, Zehen werden entlastet, Trachten und Ballen werden belastet, Huf vermehrt warm (v. a. im Kronsaumbereich), Mittelfußarterie deutlich pulsierend fühlbar, Huf druck- und klopfempfindlich, große Schmerzhaftigkeit.
Chronische Rehe: Verbreiterung der weißen Linie, Sohle wird flach, Ringfurchenbildung der Hornwand, knollige Verdickungen am Huf, Einsinken des Kronrandes und Drehung des Hufbeins.

Allgemeine Behandlungsmaßnahmen

Beseitigung der Ursachen, Entfernen der Hufeisen oder zumindest der Zehennägel, weiche Aufstallung, Magerkost (halbe Ration Heu), entzündungshemmende, schmerzlindernde Maßnahmen (z. B. kühlende Hufverbände, Wasserbad), bei chronischer Rehe: orthopädischer Hufbeschlag (Reheeisen).

Therapie

▸ **Belladonna D6 = Hauptmittel**

Anfangsstadien der akuten Rehe mit großer Schmerzhaftigkeit, Hufe warm, deutlich pulsierende Mittelfußarterie, steht stocksteif (wie ein

Sägebock). Alle Beschwerden kommen plötzlich, sind heftig, heiß, klopfend und pulsierend. Die klassischen Entzündungszeichen sind Leitsymptome für diese Arznei (Rötung, Schwellung, Hitze, Schmerz), schlechter durch Bewegung und Erschütterung. Belladonna ist ein sehr bewährtes Mittel für akute, lokale Entzündungen sowie für fieberhafte Infekte.

- **Empfohlene Dosierung:** 3 × täglich 1 Gabe, im akuten Anfangsstadium jede Stunde 1 Gabe

▸ Bryonia D6 = Hauptmittel

Entzündungsmittel (nicht zu Anfang, eher fortgeschrittenes Stadium der Entzündung), große Schmerzhaftigkeit, starke Berührungsempfindlichkeit, verfällt in starre Körperhaltung.
Bryonia kann gut im Wechsel mit Belladonna verabreicht werden.
Wichtiges Leitsymptom: Verschlechterung durch die geringste Bewegung.

- **Empfohlene Dosierung:** 3 × täglich eine Gabe

▸ Arnika D30

Bei Prellung und mechanischer Traumatisierung des Hufs.

- **Empfohlene Dosierung:** 3 × täglich 1 Gabe (1. Tag), sonst 1 × täglich 1 Gabe

▸ Ginkgo biloba D4

Chronische Rehe, arterielle, periphere **Durchblutungsstörungen,** Durchblutungsstörung der Huflederhaut und der Gliedmaßen, wirkt auf die Gefäße der Gliedmaßen und des Rückenmarks.

- **Empfohlene Dosierung:** 2 × täglich 1 Gabe

▸ **Nux vomica D6**

Wichtiges Mittel, wenn die Rehe durch Fütterungsfehler, Pflanzenvergiftungen oder Medikamente verursacht ist, Folgen nicht artgerechter Fütterung und Haltung, Folge von Stress, Folge von Verdauungsstörungen, Bewegung eingeschränkt, Gang steif.

- **Empfohlene Dosierung:** Bei diesen speziellen Ursachen der Rehe wird Nux vomica am Beginn der Behandlung eingesetzt: 2 × täglich 1 Gabe (2 Tage), später wird mit Entzündungsmitteln weitergearbeitet.

CAVE Grenzen der Selbstmedikation beachten!

5.2 Hufabszess

Beschreibung

Eitrige oder jauchig zersetzende Entzündung im Bereich der Huflederhaut und Hornwand. Die bakterielle Entzündung ist streng lokalisiert und umschrieben, sie kann sich aber auch vom ursprünglichen Herd ausbreiten, größere Hornabschnitte am Huf unterminieren und nach außen aufbrechen.

Ursache

Die Ursachen für das Entstehen eines Hufabszesses sind vor allem scharfkantige Steinchen oder Nägel, die besonders in den weichen Hornabschnitten der Sohle, wie der Strahlfurche und der weißen Linie, durchs Horn eindringen können.

Symptome

Je nach Ausdehnung der Entzündung können unterschiedlich heftige Symptome auftreten: **meist hochgradige Lahmheit**, Huf vermehrt warm, Huf druck- und klopfempfindlich, Appetit vermindert, Temperatur erhöht, Puls- und Atemfrequenz erhöht.

Allgemeine Behandlungsmaßnahmen

Entfernung der Hufeisen, Eröffnung und großzügiges Abtragen des Horns bis Sekret/Eiter abfließen kann, beziehungsweise gesunde Gewebeabschnitte erreicht sind, Abtupfen des Entzündungsherdes mit Antiseptika (z. B. Iodoformether), wattegepolsterter Druckverband bis junges Horn nachgewachsen ist (Verbandswechsel alle 3–5 Tage), Beschlag mit Ledersohle, Tetanusprophylaxe.

Therapie

▸ **Hepar sulfuris D6, D30 = Hauptmittel**

Eitrige Entzündung, Abszesse, große Schmerzhaftigkeit und Berührungsempfindlichkeit, Sekret dick, gelb, übelriechend, Kälte verschlechtert.

Die **hohe Potenz** führt im anfänglichen, akuten Stadium mit Empfindlichkeit und Entzündung oft allein zu schneller Heilung. Sie verhindert im Anfangsstadium den Eiterungsprozess und fördert bei fortgeschrittenen, lang bestehenden, eitrigen Entzündungen Resorption und Ausheilung. Die **tiefe Potenz** beschleunigt Abszessreifung und Eiterentleerung.

- **Empfohlene Dosierung:** D6, 3 × täglich 1 Gabe; D30, 1–2 × täglich 1 Gabe

▸ **Lachesis D8**

Akut fieberhafte Entzündungen, Sekret dünnflüssig, blutig, eitrig mit Gewebsfetzen, bläulich/purpurfarben/dunkel verfärbte Gewebsveränderungen (bluten leicht), Hufsaum blaurot, verfärbt und geschwollen, Fieber, Puls- und Atemfrequenz erhöht, Appetit vermindert, Berührungsempfindlichkeit, starke Beeinträchtigung des Allgemeinbefindens, Entzündungen mit **Blutvergiftung** (**Sepsis**), Panaritium. Lachesis ist besonders bei nicht eitrigen Entzündungsprozessen mit Gewebszerfall und akut fieberhafter Komplikation des Krankheitsgeschehens angezeigt. Bewährt in Kombination mit Pyrogenium D15 (Wolter).

- **Empfohlene Dosierung:** 3 × täglich 1 Gabe

▸ **Pyrogenium D15**

Stark schmerzhafte Abszesse mit Gewebszerfall, Sekrete und Absonderungen aasartig stinkend, Blutvergiftung (Sepsis) mit starker Unruhe, Temperatur erhöht. Bewährt in Kombination mit Lachesis D8 (Wolter).

- **Empfohlene Dosierung:** 2 × täglich 1 Gabe (in Kombination mit Lachesis – 3 × täglich)

▸ **Silicea D30**

Abszess durch Fremdkörper, Eiter gelb, dick, mild, fördert die Ausheilung von Abszessen nach Eröffnung und Entleerung, fördert die Ausheilung von chronischen Entzündungsprozessen und chronisch eitrigen Entzündungen, beschleunigt Gewebsheilung, beschleunigt Wachstum neuen Horns, **gutes Folgemittel von Hepar sulfuris.** Silicea wird in späten Stadien des Entzündungsprozesses eingesetzt (Heilphase).

- **Empfohlene Dosierung:** 1 × täglich 1 Gabe

▸ **Tarantula cubensis D6**
Bläulich dunkle Verfärbung, große Schmerzhaftigkeit, druck- und berührungsempfindlich, bösartig zersetzende Entzündung mit schlechter Heiltendenz, geringe Eiterungstendenz, Sekret wenig, dünnflüssig, blutig schmutzig mit Gewebsfetzen, Gewebszerfall, unruhig, Entzündungen mit Blutvergiftung (Sepsis), Panaritium.

- **Empfohlene Dosierung:** 3 × täglich 1 Gabe

CAVE Grenzen der Selbstmedikation beachten!

5.3 Nageltritt, Vernagelung

Beschreibung, Ursache

Unter Nageltritt versteht man Verletzungen der Hornkapsel und der darunter liegenden Gewebe, die durch das Eintreten von spitzen und scharfen Gegenständen an der Hufsohle (weiße Linie, seitliche Strahlfurche, Strahlspitze) verursacht werden. Je nach Lokalisation und Tiefe der Verletzung sind unterschiedliche Gewebe davon betroffen (z. B. Huflederhaut, Strahlpolster, Hufbein, tiefe Beugesehne, Hufrolle, Hufgelenk). Bei der Vernagelung während des Hufbeschlags kommt es zu einer Verletzung der Huflederhaut und gelegentlich des Hufbeins.

Symptome

Lokale Blutung, **akute Lahmheit**, Huflederhautentzündung, Huf vermehrt warm, Druck- und Klopfschmerzhaftigkeit. Diese spezifische Verletzung der Hufkapsel führt häufig zu eitrigen Huflederhautentzündungen und Hufabszessen.

Allgemeine Behandlungsmaßnahmen

Wird ein Nagel sofort bei Fehlnagelung entfernt und das betroffene Nagelloch freigelassen, heilt der Nagelstich gewöhnlich ohne Folgen ab. Entfernung des Hufeisens, Abtragen des Horns bis gesunde Gewebeabschnitte erreicht sind, antiseptische Wundversorgung (Iodoformether, Iod, Pix liquida etc.), Hufverband, Tetanusprophylaxe.

Therapie

▸ **Hypericum D6 = Hauptmittel**

Das große Mittel für Nervenverletzungen (Arnika der Nerven), **Verletzung von nervenreichem Gewebe** (Huflederhaut, Lippen), im Frühstadium von Riss-, Biss- und Stichwunden, sehr schmerzhafte Verletzungen, schlechter durch Kälte, beugt Tetanus vor.
Kann sehr gut im Wechsel mit Ledum gegeben werden.

- **Empfohlene Dosierung:** 3 × täglich 1 Gabe, im akuten Fall alle 2 Stunden 1 Gabe

▸ Ledum D6 = Hauptmittel

Stichwunden aller Art, Infektionen, als Folge von Stich- und Bissverletzungen, umliegendes Gewebe bläulich verfärbt und kalt, Kälte (kaltes Wasser) bessert, Wärme verschlechtert, folgt gut auf Arnika, bei Verletzungen aller Art, wenn Arnika nicht ausreichend hilft, beugt Tetanus vor. Optimal ist die Verabreichung von Ledum sofort nach gesetzter Verletzung.
Die **Kombination von Ledum mit Hypericum** im Wechsel wird erfolgreich bei dieser speziellen Verletzungsart eingesetzt.

- **Empfohlene Dosierung:** 3 × täglich 1 Gabe, im akuten Fall alle 2 Stunden 1 Gabe

▸ Arnika D30

Hauptmittel bei Verletzungen aller Art, kann sofort nach jeder Art von Unfall/Verletzung gegeben werden, lindert Schmerzen, fördert Blutstillung, verbessert Wundheilung, beugt Eiterinfektion vor, beugt Schockzuständen vor, harmonisiert die Psyche, schlechter durch Bewegung und Erschütterung, besser durch Ruhe.

- **Empfohlene Dosierung:** 1 × täglich 1 Gabe, im akuten Fall alle 3 Stunden 1 Gabe (3 ×)

▸ Staphisagria D6

Folge von gewaltsamem Eindringen in den Körper jeglicher Art (also auch Nageltritt, Vernagelung), **Schnittwunden** aller Art mit stechendem Schmerz (auch nach Operationen), Stichverletzungen, Risswunden, Verletzung durch Splitter, Entzündungen im Gliedmaßenendbereich, besser durch Wärme, gut mit Arnika zu kombinieren.

- **Empfohlene Dosierung:** 3 × täglich 1 Gabe

5.4 Chronische Hufrollenentzündung

Beschreibung

Die chronische Hufrollenentzündung (Strahlbeinlahmheit) ist eine schleichend verlaufende, deformierende Entzündung im Bereich der Hufrolle. Es kommt zu vermehrten Abbau- und Umbauvorgängen am Strahlbein und zu Knochenzubildungen, die schmerzhafte Zustände zur Folge haben.

Ursache

Es werden mehrere Faktoren dafür verantwortlich gemacht: genetische Veranlagung, Überbeanspruchung, unregelmäßige Gliedmaßen- und Zehenstellung und Hufformen, fehlerhafter Hufbeschlag, mangelnde Hufversorgung.

Symptome

Lahmheit: meist gering- bis mittelgradig, allmählich und schleichend sich entwickelnd, auf weichem Boden geringer ausgeprägt, nach Stallruhe deutlicher, Pferde laufen sich ein, klammer Gang, Fesselhaltung wird steil.

Allgemeine Behandlungsmaßnahmen

Entlastung des Gelenks durch Huf- und Beschlagskorrektur, längere Arbeitsruhe (2–3 Monate oder länger), Weidegang, Förderung der Hufdurchblutung.

Therapie

▸ Calcium fluoratum D30

Gestörter Knochenstoffwechsel, degenerative, deformierende Erkrankungen an Knochen und Gelenken, Knochenkaries, Überbeine, Arthrose, Osteoporose, Rachitis, Verhärtungen von steinerner Härte. Kann gut im Wechsel mit Silicea gegeben werden.

- **Empfohlene Dosierung:** 1 × täglich 1 Gabe (Langzeittherapie 2–3 Monate!)

▸ Ginkgo biloba D4

Ginkgo **fördert die periphere Durchblutung**, wirkt auf die Gefäße der Gliedmaßen und des zentralen Nervensystems.

- **Empfohlene Dosierung:** 2 × täglich 1 Gabe

▸ Silicea D30

Festigt Bindegewebe und Knochen, brüchige Knochen werden stabilisiert, unzureichender Mineralstoffwechsel führt zu mangelnder Ausbildung von Knochenstruktur, Knochenkaries, Bindegewebsschwäche, feingliedrige Gliedmaßen, Neigung zu Verrenkung. Kann gut im Wechsel mit Calcium fluoratum gegeben werden.

- **Empfohlene Dosierung:** 1 × täglich 1 Gabe (Langzeittherapie 2–3 Monate!)

▸ Symphytum D12

Heilung und Regeneration von Schäden im Knochen- und Knochenhautbereich, Arthrose, Knochenwucherungen, Neubildungen im Knochen- und Knochenhautbereich, Knochenbruch, Knochenverletzung, Überbeine.

- **Empfohlene Dosierung:** 1 × täglich 1 Gabe (Langzeittherapie 2–3 Monate!)

5.5 Strahlfäule, Hornfäule

Beschreibung

Fäulnisprozesse zerstören die äußeren Hornschichten des Hufs. Sohle, Wand und vor allem der Strahl sind betroffen, das Horn wird aufgelöst und fault.

Ursache

Die Erkrankung ist vor allem ein hygienisches Problem durch feuchte Einstreu und Standplätze; ungenügende Hufpflege, Zwanghuf, langes Stehen, mangelnde Bewegung und schlechte Hornqualität, Ausleitungsprozesse.

Symptome

Erweichung und Schwund des Strahlhorns, Zerklüftung der Hornoberfläche, schmierige, grau-schwarze, übelriechende Beläge (vor allem in der Strahlfurche).

Allgemeine Behandlungsmaßnahmen

Stallhygiene verbessern, die Sanierung der Haltungsbedingungen und der Hufpflege sind absolut notwendig, trockene Einstreu und Standplätze, regelmäßige, gründliche Reinigung der Strahlfurche, sorgfältiges Entfernen der angegriffenen Hornschichten, Desinfektion und Austrocknen der betroffenen Hornareale (z. B. Iodoformether), Strahlfurchen mit Baumwollfetzen oder Watte ausstopfen, tägliches Desinfizieren und Tamponieren bis das Strahlhorn trocken ist, Bewegung, Kürzen hoher Trachten, äußerlich: Calendula- und Arnikalösungen, Buchenholzteer, Unterstützung von Leber und Niere.

Therapie

▸ **Silicea D30 = Hauptmittel**

Fördert die Ausheilung von chronischen Entzündungs- und Gewebszersetzungsprozessen, regt Gewebsneubildung an, Wachstumsstörungen von Haar und Horn, festigt Bindegewebe und kräftigt das Hufhorn, beschleunigt Wachstum neuen Horns, Absonderungen ätzend, stinkend, dünn, Bindegewebsschwäche, verbessert Hornqualität. Kann gut im Wechsel mit Calcium fluoratum gegeben werden.

- **Empfohlene Dosierung:** 1 × täglich 1 Gabe (Langzeittherapie!)

▸ Kreosotum D30 = Hauptmittel

Gewebszersetzung, scharfe, ätzende, faulige, widerlich stinkende Absonderungen, tiefe, nässende Geschwüre, schlechte Heiltendenz.

- **Empfohlene Dosierung:** 1 × täglich 1 Gabe

▸ Calcium fluoratum D30

Fördert Wachstum gesunden Horns, gutes Gewebemittel, kann normales Gewebewachstum anregen, Bindegewebsschwäche. Kann gut im Wechsel mit Silicea gegeben werden.

- **Empfohlene Dosierung:** 1 × täglich 1 Gabe (Langzeittherapie!)

▸ Graphites D12

Das Mittel hat eine Affinität zu Haut, Haar und Horn (Huf, Klauen), krankhafte Veränderungen von Horngewebe, Absonderungen nässend, klebrig, dick, schmierig, übelriechend, ätzend. **Konstitutionsmittel** für schwere Rassen mit Neigung zu Eiterungen und weicher Hornqualität (Typ: schwerfällig, gefräßig, übergewichtig).

- **Empfohlene Dosierung:** 1 × täglich 1 Gabe (Langzeittherapie!)

▸ Pyrogenium D6

Übelriechende Absonderungen, Gewebszersetzung aasartig stinkend.

- **Empfohlene Dosierung:** 2 × täglich 1 Gabe

5.6 Hufkrebs

Beschreibung

Beim Hufkrebs handelt es sich um eine Entartung der hornbildenden Gewebe des Hufs. Es kommt zu Wucherungen der Huflederhaut des Strahls und der benachbarten Sohlenareale mit mangelhaften Verhornungsprozessen. Häufig sind mehrere Hufe gleichzeitig betroffen.

Ursache

Gesicherte Erkenntnisse über die Ursache gibt es nicht. Eine Rassedisposition bei Kaltblutpferden wird diskutiert. Begünstigend wirken außerdem mangelhafte Hufpflege und feuchte, nasse Standplätze.

Symptome

Wucherungen der Huflederhaut, Erweichung und Lockerung der oberen Hornschichten, die leicht abzuheben sind, darunter käsig-schmierige Massen, bluten leicht, ekelhaft, eindringlicher Geruch, Strahl rissig, Lahmheit meist nur in fortgeschrittenen Fällen.

Allgemeine Behandlungsmaßnahmen

Box mit trockener, weicher Einstreu! Vorsichtiges Abtragen der losen Hornschichten, schmierigen Gewebsmassen und Lederhautwucherungen, fester Druckverband! (regelmäßiger Verbandswechsel, je 5–7 Tage)

Therapie

▸ Calcium fluoratum D30

Fördert Wachstum gesunden Horns, gutes Gewebemittel, kann normales Gewebewachstum anregen. Kann gut im Wechsel mit Silicea gegeben werden.

- **Empfohlene Dosierung:** 1 × täglich 1 Gabe (Langzeittherapie!)

▸ Graphites D12

Das Mittel hat eine Affinität zu Haut, Haar und Horn (Huf, Klauen), krankhafte Veränderungen von Horngewebe, geschwürige Hornveränderungen, hypertrophes Hornwachstum, Absonderungen nässend, klebrig, dick, schmierig, übelriechend, ätzend. **Konstitutionsmittel** für schwere Rassen mit Neigung zu Eiterungen und weicher Hornqualität (Typ: schwerfällig, gefräßig, übergewichtig).

- **Empfohlene Dosierung:** 1 × täglich 1 Gabe

▸ **Kreosotum D30**

Gewebszersetzung, scharfe, ätzende, faulige, widerlich stinkende Absonderungen, tiefe, nässende Geschwüre, schlechte Heiltendenz, Krebserkrankungen, Nachbehandlung von Karzinomen.

- **Empfohlene Dosierung:** 1 × täglich 1 Gabe

▸ **Sempervivum tectorum D30**

Laut Tiefenthaler empirisch erprobt bei Hufkrebs.

- **Empfohlene Dosierung:** 1 × täglich 1 Gabe

▸ **Silicea D30**

Regt Gewebsneubildung an, fördert die Ausheilung von chronischen Entzündungs- und Gewebszersetzungsprozessen, Wachstumsstörungen von Haar und Horn, beschleunigt Wachstum neuen Horns, Absonderungen ätzend, stinkend, kräftigt das Hufhorn, verbessert Hornqualität. Kann gut im Wechsel mit Calcium fluoratum gegeben werden.

- **Empfohlene Dosierung:** 1 × täglich 1 Gabe (Langzeittherapie!)

5.7 Mangelhafte Hufqualität

Die mangelhafte Qualität eines Hufs kann sich in zu trockenem, zu weichem oder sprödem Horn äußern.

Ursache

Konstitutionelle Faktoren, Haltungsbedingungen, Einstreu; Art des Bodens, auf dem das Pferd die meiste Zeit über steht; Leberstoffwechselstörungen.

Symptome

Horn zu trocken, spröde, zu weich.

Allgemeine Behandlungsmaßnahmen

Optimierung der Haltungsbedingungen, Stallhygiene, sorgfältige Hufpflege, ggf. Nahrungsergänzung mit Biotin-Präparaten (Kur), Mineralstoffmischungen (Zink!) und Futterumstellung, Behandlung von Leberstoffwechselstörungen.

Therapie

▸ **Silicea D12 = Hauptmittel**

Wachstumsstörungen von Haar und Horn, festigt Bindegewebe und kräftigt das Hufhorn, beschleunigt Wachstum neuen Horns, verbessert Hornqualität.

- **Empfohlene Dosierung:** 1 × täglich 1 Gabe (Langzeittherapie!)

▸ **Antimonium crudum D6**

Horn brüchig, deformiert, gestörtes Hornwachstum, chronische Haut- und Hornveränderungen

- **Empfohlene Dosierung:** 2 × täglich 1 Gabe

▸ **Calcium fluoratum D12**

Fördert Wachstum gesunden Horns, gutes Gewebemittel, kann normales Gewebewachstum anregen. Kann gut im Wechsel mit Silicea gegeben werden.

- **Empfohlene Dosierung:** 1 × täglich 1 Gabe (Langzeittherapie!)

▸ **Graphites D12**

Das Mittel hat eine Affinität zu Haut, Haar und Horn (Huf, Klauen), krankhafte Veränderungen von Horngewebe, Horn brüchig, krümelnd, deformierendes Hornwachstum. **Konstitutionsmittel** für schwere Rassen mit Neigung zu Eiterungen und weicher Hornqualität (Typ: schwerfällig, gefräßig, übergewichtig).

- **Empfohlene Dosierung:** 1 × täglich 1 Gabe (Langzeittherapie!)

▸ **Thuja D12**

Horngebilde und Nägel spröde, brüchig, weich, verunstaltet.

- **Empfohlene Dosierung:** 1 × täglich 1 Gabe

6 Atmungsapparat

6.1 Nasenbluten

Beschreibung
Nasenbluten (Epistaxis) wird bei Pferden meist durch Verletzungen oder Überanstrengung (Rennpferde) ausgelöst.

Ursache
Verletzung, Überanstrengung, Fremdkörper, Atemwegsinfektion, Abszess, Tumor, Luftsackmykose, Blutgerinnungsstörung.

Symptome
Unterschiedlich starke Blutungen: leicht rötlich gefärbter Nasenschleim, Blut tropft aus der Nase, Blut fließt in starkem Strahl aus den Nüstern.

Allgemeine Behandlungsmaßnahmen
Bei stärkeren oder länger anhaltenden Blutungen sollte die Ursache so schnell wie möglich von einem Tierarzt abgeklärt werden!

Therapie
▸ **Arnika D30 = Hauptmittel**

Hauptmittel für Blutungen aller Art, Nasenbluten nach **Verletzung** und **Überanstrengung**, Neigung zu Blutungen, Bluterguss.

- **Empfohlene Dosierung:** akut 3 × täglich 1 Gabe, sonst 1 × täglich 1 Gabe.

▸ **Hamamelis D4**

Nasenbluten, **Blutungen dunkel**, venös, langsam, gleichmäßig fließend.

- **Empfohlene Dosierung:** 3 × täglich 1 Gabe, im akuten Fall alle 15 Minuten 1 Gabe

▸ **Ipecacuanha D6**

Nasenbluten, helle, gussartige Blutungen, Blutungen hellrot und reichlich.

- **Empfohlene Dosierung:** 3 × täglich 1 Gabe, im akuten Fall alle 15 Minuten 1 Gabe

▸ Millefolium D4

Nasenbluten, **Blutungen hellrot**, reichlich, Blutungen nach **Anstrengung** und **Verletzung**, Blutungen jeglicher Ursache.

- **Empfohlene Dosierung:** 3 × täglich 1 Gabe, im akuten Fall alle 15 Minuten 1 Gabe

▸ Phosphor D30

Nasenbluten, Blutungen aller Art, hellrote, schwallartige, anhaltende Blutungen, stark blutende Wunden, Neigung zu Blutungen, kleine Wunden bluten stark.

- **Empfohlene Dosierung:** akut 3 × täglich 1 Gabe, sonst 1 × täglich 1 Gabe (nicht zu oft)

CAVE Grenzen der Selbstmedikation beachten!

6.2 Nasenschleimhautentzündung

Beschreibung

Die Entzündung der Nasenschleimhaut (Rhinitis) ist meist Symptom einer infektiösen Atemwegserkrankung (z. B. Bronchitis, Nasennebenhöhlenentzündung, Druse, Influenza, Herpes). Als eigenständiges Krankheitsbild tritt es eher selten auf.

Ursache

Virale und bakterielle Infektionen, allergische Reaktion, reizende Gase, Stäube und Dämpfe, Fremdkörper.

Symptome

Nasenausfluss, wässrig-klar, schleimig, eitrig, Behinderung der Nasenatmung, geschwollene Kehlgangslymphknoten, ggf. Fieber und gestörtes Allgemeinbefinden.

Allgemeine Behandlungsmaßnahmen

Beseitigung der Ursache, entzündungshemmende, schleimhautabschwellende Maßnahmen, Inhalationen, staubfreie Fütterung und Haltung, viel Weidegang und frische Luft, Fütterung vom Boden (Nasenschleim fließt besser ab), Stärkung des Immunsystems.

Therapie

▸ **Allium cepa D6**

Akute Nasenschleimhaut- und Bindehautentzündung, wässriger Fließschnupfen (Nase läuft!), Nasenausfluss wässrig, scharf, wundmachend, reichlich; allergischer Fließschnupfen.

- **Empfohlene Dosierung:** 3 × täglich 1 Gabe

▸ **Apis D6**

Allergisch bedingte Nasenschleimhautentzündung.

- **Empfohlene Dosierung:** 3 × täglich 1 Gabe

▸ Belladonna D6

Akute Nasenschleimhautentzündung mit **Fieber** und gestörtem Allgemeinbefinden.

- **Empfohlene Dosierung:** 3 × täglich 1 Gabe

▸ Galphimia D6

Allergisch bedingte Nasenschleimhautentzündung.

- **Empfohlene Dosierung:** 3 × täglich 1 Gabe

▸ Hepar sulfuris D30

Akute und **chronische** Nasenschleimhautentzündung, Nasenausfluss **eitrig**, dick, reichlich, Schmerzhaftigkeit und große Empfindlichkeit gegen kalte Luft und Berührung, Nasennebenhöhlenentzündung, akute Entzündung mit Neigung zur Eiterung, alle eitrigen Entzündungen, Beschwerden schlechter durch Kälte, besser durch Wärme.

- **Empfohlene Dosierung:** 1 × täglich 1 Gabe

▸ Hydrastis D6

Akute und chronische Nasenschleimhautentzündung, **akut:** Sekrete wässrig, wundmachend, **chronisch:** Nasenausfluss dick, gelb, fadenziehend.

- **Empfohlene Dosierung:** 3 × täglich 1 Gabe

▸ Kalium bichromicum D6

Chronische, hartnäckige Nasenschleimhautentzündung, Nasenausfluss dickflüssig, **zäh, klebrig**, klumpig, grüngelb, Nasennebenhöhlenentzündung, Behinderung der Nasenatmung.

- **Empfohlene Dosierung:** 3 × täglich 1 Gabe

▸ Pulsatilla D30

Chronische Nasenschleimhautentzündung, Nasenausfluss **gelblich, gelbgrün, mild, dick.**

- **Empfohlene Dosierung:** 1 × täglich 1 Gabe

▸ **Silicea D30**

Fördert die Ausheilung von eitrigen Entzündungen und chronischen Entzündungsprozessen, beschleunigt Gewebeheilung, gutes Folgemittel von Hepar sulfuris. Silicea wird in späten Stadien von Entzündungsprozessen eingesetzt (Heilphase).

- **Empfohlene Dosierung:** 1 × täglich 1 Gabe

6.3 Nasennebenhöhlenentzündung

Beschreibung

Entzündungen der Nasennebenhöhlen (Sinusitis) entstehen meist infolge von Nasenschleimhautentzündungen oder von entzündlichen Prozessen im Bereich der Backenzähne, die auf die Nasennebenhöhlen übergreifen.

Ursache

Infektionen der oberen Atemwege, Druse, Verletzung, Zahnerkrankung.

Symptome

Meist einseitiger Nasenausfluss, eitrig, stinkend, verstärkt nach Senken des Kopfes, einseitig geschwollener Kehlgangslymphknoten, Schwellungen und Druckschmerzhaftigkeit im Bereich der Oberkieferknochen, einseitige Bindehautentzündung der betroffenen Kopfseite, ggf. Fieber und gestörtes Allgemeinbefinden.

Allgemeine Behandlungsmaßnahmen

Beseitigung der Ursache, entzündungshemmende, schleimhautabschwellende Maßnahmen, Inhalationen, Bodenfütterung zur Erleichterung des Sekretabflusses, Stärkung des Immunsystems.

Therapie

▸ **Cinnabaris D12**

Chronische, hartnäckige Nasennebenhöhlenentzündungen, Nasenausfluss gelb, eitrig, zäh, wundmachend.

- **Empfohlene Dosierung:** 2 × täglich 1 Gabe

▸ **Hepar sulfuris D30**

Nasennebenhöhlenentzündung, Nasenausfluss **eitrig**, dick, reichlich, Knochen über der Kieferhöhle (Stirnbeinhöhle) schmerzhaft, große Empfindlichkeit gegen kalte Luft und Berührung, Nasenschleimhautentzündung, akute Entzündung mit Neigung zur Eiterung, alle eitrigen Entzündungen, Beschwerden schlechter durch Kälte, besser durch Wärme.

- **Empfohlene Dosierung:** 2 × täglich 1 Gabe

▸ **Hydrastis D6**

Nasennebenhöhlenentzündung, Nasenausfluss **dick, gelb, fadenziehend.**

- **Empfohlene Dosierung:** 3 × täglich 1 Gabe

▸ **Kalium bichromicum D6**

Chronische, hartnäckige Nasennebenhöhlenentzündung, Kopfhaut und Schädelknochen druckschmerzhaft, Nasenausfluss dickflüssig, **zäh, klebrig**, klumpig, grüngelb, Nasenschleimhautentzündung.

- **Empfohlene Dosierung:** 3 × täglich 1 Gabe

▸ **Silicea D30**

Fördert die Ausheilung von eitrigen Entzündungen und chronischen Entzündungsprozessen, beschleunigt Gewebeheilung, gutes Folgemittel von Hepar sulfuris. Silicea wird in späten Stadien von Entzündungsprozessen eingesetzt (Heilphase).

- **Empfohlene Dosierung:** 1 × täglich 1 Gabe

6.4 Husten

Beschreibung

Husten ist ein Symptom und keine selbständige Erkrankung. Die verschiedenen akuten und chronischen Erkrankungen der Atemwege haben Husten als häufigstes Symptom.

Ursache

Virale und bakterielle Infektionen, Allergien (Heustaub, Strohstaub, Pollen, Pilzsporen), Lungenwürmer, reizende Gase (Ammoniak) und Stäube, Bronchialasthma, Dämpfigkeit, Herzschwäche.

Symptome

Der Husten hat viele Varianten: z. B. trocken-feucht, oberflächlich-tief, gelegentlich-anfallsartig, unter Belastung, bei Beginn der Belastung, unter Stress, bei Fütterung.

Allgemeine Behandlungsmaßnahmen

Entzündungshemmende Maßnahmen, Inhalationen, Stallhygiene (Luft, Futter, Einstreu, Staubbelastung), Offenstallhaltung, viel Weidegang und frische Luft, Arbeitsruhe, Anpassung der Fütterung (staubarme Fütterung, Heuwaschen), Stärkung des Immunsystems.

Therapie

▸ **Aconitum D6 = Anfangsmittel**

Erkältung durch kalten Wind und Zugluft, **plötzlicher Beginn**, Husten trocken, anfallsartig mit **Fieber** und gestörtem Allgemeinbefinden.

- **Empfohlene Dosierung:** 3 × täglich 1 Gabe (1. Tag)

▸ **Belladonna D6**

Akute Atemwegsinfekte mit **Fieber** und gestörtem Allgemeinbefinden, Husten trocken, hart, bellend, Reizhusten, trocken, krampfartig. Belladonna ist ein sehr bewährtes Mittel für akute, lokale Entzündungen sowie fieberhafte Infekte.

- **Empfohlene Dosierung:** 3 × täglich 1 Gabe

▸ **Bryonia D6**

Akute und **chronische** Entzündungen der Atemwege, Husten trocken, hohl, hartnäckig, schmerzhaft, krampfartig, Atmung schmerzhaft, Reizhusten, Bronchitis, Lungenentzündung, Brustfellentzündung, Rachen- und Kehlkopfentzündung, Kehlkopf druckschmerzhaft, trockene Schleimhäute, großer Durst, Verschlechterung durch Bewegung, besser durch absolute Ruhe.

- **Empfohlene Dosierung:** 3 × täglich 1 Gabe

▸ **Cuprum aceticum D6**

Husten krampfartig, anfallsartig, quälend, rasselnde Atemgeräusche, viel zäher Bronchialschleim, akute Bronchitis, Asthma bronchiale, Atemnot, besser durch Trinken von kaltem Wasser.

- **Empfohlene Dosierung:** 3 × täglich 1 Gabe

▸ **Drosera D6**

Husten trocken, **anfallsartig, krampfartig**, bellend, hohl, schmerzhaft, Reizhusten, akute Bronchitis, Asthma bronchiale, Kehlkopfentzündung, schlechter durch warme Räume, **nachts.**

- **Empfohlene Dosierung:** 3 × täglich 1 Gabe

▸ **Phosphor D30**

Akute Atemwegserkrankungen mit **Fieber** und gestörtem Allgemeinbefinden, Husten trocken, hohl, schmerzhaft, wenig Auswurf, akute und chronische Bronchitis, Lungenentzündung, Lungenfellentzündung, Asthma bronchiale, **Konstitutionsmittel** (schlanke, sensible, temperamentvolle Tiere).

- **Empfohlene Dosierung:** akut 1 × täglich 1 Gabe (nicht zu häufig)

▸ Spongia D6

Akute und **chronische** Atemwegsinfekte der oberen Luftwege, Husten trocken, bellend, rau, anfallsartig, aus der Tiefe der Brust, **Reizhusten**, Hustenanfälle, **Kehlkopfentzündung**, Kehlkopf berührungs- und druckempfindlich, Rachenentzündung, Bronchitis, trockene Schleimhäute der Atemwege, besser durch Wasseraufnahme (warm) und Futteraufnahme, schlechter in kalter Luft.

- **Empfohlene Dosierung:** 3 × täglich 1 Gabe

▸ Tartarus stibiatus D6

Atemwegserkrankungen mit viel Schleim, der schlecht abgehustet werden kann, Husten, feucht, mit starkem Schleimrasseln, Atembeschwerden mit feuchten Rasselgeräuschen, akute Bronchitis, Lungenentzündung, Lungenfellentzündung Asthma bronchiale, Atemnot.
Leitsymptom: Schleimrasseln mit geringem Auswurf, schlechter durch Wärme.

- **Empfohlene Dosierung:** 3 × täglich 1 Gabe

6.5 Rachenentzündung

Beschreibung

Die Entzündung der Rachenschleimhäute (Pharyngitis) findet man vor allem beim jungen Pferd. Viele Infekte verlaufen harmlos oder unbemerkt. Als eigenständige Erkrankung wird sie beim Pferd eher selten diagnostiziert.

Ursache

Virale und bakterielle Infektionen.

Symptome

Akut: feuchter Husten, gestreckte Hals-Kopf-Haltung, Druckschmerzhaftigkeit über dem Kehlkopf im Bereich der Ganaschen, ggf. Fieber, Fress- und Schluckbeschwerden.
Chronisch: Husten seltener, regelmäßig, häufig beim Fressen, kein Fieber, Durchtastung der Ganaschen meist druckempfindlich und Husten auslösend.

Allgemeine Behandlungsmaßnahmen

Entzündungshemmende Maßnahmen, **Inhalationen**, Stärkung des Immunsystems, Stallhygiene (Luft, Futter, Einstreu, Staubbelastung).
Akut: Arbeitsruhe, Anpassung der Fütterung (Weich- und Schlappfutter).

Therapie

▸ **Apis D6**

Akute Rachenentzündung mit Fress- und Schluckbeschwerden und starker Schmerzhaftigkeit von Rachen (Ganaschenbereich) und Kehlkopf, Schlund weich, geschwollen, rot, Atembeschwerden, Husten trocken, kurz, kühlende Anwendungen bessern.

- **Empfohlene Dosierung:** 3 × täglich 1 Gabe

▸ Belladonna D6

Akute Rachenentzündung mit Fieber und gestörtem Allgemeinbefinden, Fress- und Schluckbeschwerden.

- **Empfohlene Dosierung:** 3 × täglich 1 Gabe

▸ Hepar sulfuris D30

Akute und chronische Rachenentzündung, Schleimhautbeläge **eitrig**, Schmerzhaftigkeit und große Empfindlichkeit gegen kalte Luft und Berührung, akute Entzündung mit Neigung zur Eiterung, alle eitrigen Entzündungen, starke Berührungsempfindlichkeit, Beschwerden schlechter durch Kälte, besser durch Wärme.

- **Empfohlene Dosierung:** 1 × täglich 1 Gabe

▸ Mercurius solubilis D12

Akute und **chronische** Rachenentzündung, weißlich, gelbe, eitrige Schleimhautbeläge im Rachen- und Zungengrundbereich, geschwürige Schleimhautveränderungen, übler Mundgeruch, vermehrter Speichelfluss, Kehlgangslymphknoten geschwollen.

- **Empfohlene Dosierung:** 2 × täglich 1 Gabe

▸ Phytolacca D6

Akute und **chronische** Rachenentzündung, Fress- und Schluckbeschwerden, grauweiße, gelbe, zähe, eitrige Schleimhautbeläge im Rachen- und Zungengrundbereich, Kehlgangslymphknoten geschwollen.

- **Empfohlene Dosierung:** 3 × täglich 1 Gabe

▸ Spongia D6

Rachenentzündung, Kehlkopfentzündung, Husten trocken, bellend, rau, Reizhusten, Hustenanfälle, Kehlkopf berührungs- und druckempfindlich, Schluckbeschwerden.

- **Empfohlene Dosierung:** 3 × täglich 1 Gabe

6.6 Kehlkopfentzündung

Beschreibung

Die Entzündung der Kehlkopfschleimhäute (Laryngitis) ist häufig Teilerscheinung einer Erkältungs- oder Infektionskrankheit (Druse, Influenza, Herpes). Meist ist sie begleitet von Entzündungen der umliegenden Gewebe (z. B. Bronchitis, Rachenentzündung).

Ursache

Virale und bakterielle Infektionen, allergische Reaktion, reizende Gase und Stäube.

Symptome

Husten rau, kräftig, trocken, kurz, oft anfallsweise, häufig Husten bei Fütterung und Bewegen in kalter Luft, Reizhusten, Husten auslösbar durch Druck auf Kehlkopf. **Akut:** Kehlkopf schmerzhaft, Kehlgangslymphknoten geschwollen, ggf. Fieber und gestörtes Allgemeinbefinden, Atembeschwerden.

Chronisch: außer charakteristischem Husten (trocken, rau, wenig schmerzhaft, Husten auslösbar durch Druck auf Kehlkopf) wenig spezifische Symptome.

Allgemeine Behandlungsmaßnahmen

Beseitigung der Ursache, entzündungshemmende, schleimhautabschwellende Maßnahmen, **Inhalationen**, Optimierung der Stallhygiene (Luft, Futter, Einstreu, Staubbelastung), Weidegang und frische Luft, Stärkung des Immunsystems.

Akut: Arbeitsruhe, Anpassung der Fütterung (Weich- und Schlappfutter).

Therapie

▸ **Apis D6**

Akute Kehlkopfentzündung mit Schluckbeschwerden und starker Schmerzhaftigkeit von Rachen und Kehlkopf, Schlund weich, geschwol-

Atmungsapparat

len, rot, Atembeschwerden, Husten trocken, kurz, Kehlkopfödem, kühlende Anwendungen bessern.

- **Empfohlene Dosierung:** 3 × täglich 1 Gabe

▸ **Belladonna D6**

Akute Rachen- und Kehlkopfentzündung mit Fieber und gestörtem Allgemeinbefinden, Schluckbeschwerden.

- **Empfohlene Dosierung:** 3 × täglich 1 Gabe

▸ **Bryonia D6**

Akute und chronische Rachen- und Kehlkopfentzündung, Husten trocken, hohl, hartnäckig, schmerzhaft, Reizhusten, Kehlkopf druckschmerzhaft.

- **Empfohlene Dosierung:** 3 × täglich 1 Gabe

▸ **Drosera D6**

Kehlkopfentzündung, Reizhusten, Husten trocken, **anfallsartig, krampfartig**, bellend, hohl, schmerzhaft, akute Bronchitis, Asthma bronchiale, schlechter durch warme Räume, **nachts.**

- **Empfohlene Dosierung:** 3 × täglich 1 Gabe

▸ **Hepar sulfuris D30**

Akute und chronische Kehlkopfentzündung, Husten anfallsartig, trocken, Schleimhautbeläge **eitrig**, Schmerzhaftigkeit und große Empfindlichkeit gegen kalte Luft und Berührung, akute Entzündung mit Neigung zur Eiterung, alle eitrige Entzündungen, Beschwerden schlechter durch Kälte, besser durch Wärme.

- **Empfohlene Dosierung:** 1 × täglich 1 Gabe

▸ **Spongia D6**

Kehlkopfentzündung, Husten trocken, bellend, rau, **Reizhusten**, Hustenanfälle, Kehlkopf berührungs- und druckempfindlich, Schluckbeschwerden.

- **Empfohlene Dosierung:** 3 × täglich 1 Gabe

6.7 Akute Bronchitis

Beschreibung

Die akute Entzündung der Bronchialschleimhäute kommt selten isoliert vor. Meist tritt sie zusammen mit Entzündungen der oberen Luftwege und/oder der Lunge auf.

Ursache

Virale und **bakterielle** Infekte, häufig in Zusammenhang mit Überanstrengung, Erkältung (kalte Winde, Durchnässung) und Stress (z. B. Transport, Turnier, Stallwechsel).

Symptome

Husten, Fieber, Mattigkeit, verminderter Appetit, gestörtes Allgemeinbefinden, Leistungsschwäche, beschleunigte Atmung, erschwerte Atmung, verschärfte Atemgeräusche, Nasenausfluss, anfänglich wässrig, schleimig, später oft eitrig.

Allgemeine Behandlungsmaßnahmen

Arbeitsruhe (mindestens 3–4 Wochen), entzündungshemmende Maßnahmen, Optimierung der Haltung, Stallhygiene (Luft, Futter, Einstreu, Staubbelastung).

Therapie

▸ **Aconitum D6 = Anfangsmittel**

Akute Bronchitis mit **Fieber** und gestörtem Allgemeinbefinden, Erkältung durch kalten Wind und Zugluft, **plötzlicher Beginn**, Husten trocken, anfallsartig, große Unruhe, Ängstlichkeit.

- **Empfohlene Dosierung:** akut alle 2 Stunden 1 Gabe (1. Tag)

▸ **Belladonna D6 = Hauptmittel**

Akute Atemwegsinfekte mit **Fieber** und gestörtem Allgemeinbefinden, Husten trocken, hart, bellend, Reizhusten, trocken, krampfartig. Belladonna ist ein sehr bewährtes Mittel für akute, fieberhafte Infekte.

- **Empfohlene Dosierung:** 3–6 × täglich 1 Gabe

▸ **Bryonia D6 = Hauptmittel**

Akute und chronische Bronchitis, Husten trocken, hohl, hartnäckig, schmerzhaft, krampfartig, Atmung schmerzhaft, Lungenentzündung, Brustfellentzündung, Reizhusten, trockene Schleimhäute, großer Durst, Verschlechterung durch Bewegung, besser durch absolute Ruhe.

- **Empfohlene Dosierung:** 3 × täglich 1 Gabe

▸ **Cuprum aceticum D6**

Akute Bronchitis, Asthma bronchiale, Atemnot, **Husten krampfartig**, anfallsartig, quälend, rasselnde Atemgeräusche, viel zäher Bronchialschleim, besser durch Trinken von kaltem Wasser.

- **Empfohlene Dosierung:** 3 × täglich 1 Gabe

▸ **Phosphor D30**

Akute Atemwegserkrankungen mit **Fieber** und gestörtem Allgemeinbefinden, Husten trocken, hohl, schmerzhaft, wenig Auswurf, akute und chronische Bronchitis, Lungenentzündung, Brustfellentzündung, Asthma bronchiale, **Konstitutionsmittel** (schlanke, sensible, temperamentvolle Tiere).

- **Empfohlene Dosierung:** akut 2 × täglich 1 Gabe, sonst 1 × täglich 1 Gabe

▸ **Spongia D6**

Akute und chronische Atemwegsinfekte der oberen Luftwege, Husten trocken, bellend, rau, anfallsartig, aus der Tiefe der Brust, **Reizhusten**, Hustenanfälle, **Kehlkopfentzündung**, Kehlkopf berührungs- und druckempfindlich, trockene Schleimhäute der Atemwege, besser durch Wasseraufnahme (warm) und Futteraufnahme, schlechter in kalter Luft.

- **Empfohlene Dosierung:** 3 × täglich 1 Gabe

▸ **Tartarus stibiatus D6**

Akute Bronchitis mit viel Schleim, der schlecht abgehustet werden kann, Husten feucht, mit starkem Schleimrasseln, Atembeschwerden mit feuchten Rasselgeräuschen, Atemnot, Lungenentzündung, Brustfellentzündung, Asthma bronchiale, schlechter durch Wärme.
Leitsymptom: Schleimrasseln mit geringem Auswurf.

- **Empfohlene Dosierung:** 3 × täglich 1 Gabe

CAVE Grenzen der Selbstmedikation beachten!

6.8 Chronische Bronchitis

Beschreibung

Die chronische Bronchitis ist oft Folgeerkrankung einer nicht ausgeheilten, akuten Bronchitis. Häufig sind auch allergische Prozesse und mangelnde Stallhygiene maßgeblich mitbeteiligt.

Ursache

Virale und bakterielle Infektionen, **Allergie** (Heustaub, Strohstaub, Pilzsporen), reizende Gase (Ammoniak) und Staubbelastung, Lungenwürmer.

Symptome

Husten, Nüsternatmung, Kurzatmigkeit, verstärkte Bauchatmung, Atemnot – vor allem bei Belastung, eingeschränkte Leistungsfähigkeit, Fieber fehlt meist. Das Allgemeinbefinden ist in der Regel nicht gestört.

Allgemeine Behandlungsmaßnahmen

Entzündungshemmende, schleimlösende Maßnahmen, **Inhalationen**, **Stallhygiene** (Luft, Futter, Einstreu, Staubbelastung), **Offenstallhaltung**, viel Weidegang und frische Luft, **Arbeitsruhe**, Anpassung der Fütterung (staubarme Fütterung, Heuwaschen), Stärkung des Immunsystems.

Therapie

▸ **Ammonium carbonicum D30**

Chronische Bronchitis mit Atemnot und Schleimrasseln, **Lungenemphysem**, chronische, trockene Nasenschleimhautentzündung, Kehlkopfentzündung mit trockenem Reizhusten, besser in frischer Luft, bei trockenem Wetter, schlechter nachts, in warmen Räumen, bei nasskalter Witterung.

- **Empfohlene Dosierung:** 1 × täglich 1 Gabe

▸ **Ammonium jodatum D6**

Chronische Atemwegserkrankungen mit festsitzenden Schleimmassen, die kaum ausgehustet werden können.

- **Empfohlene Dosierung:** 3 × täglich 1 Gabe

▸ **Antimonium sulfuratum aurantiacum D6**

Chronische Bronchitis, Atemnot, viel zäher Schleim in Bronchien und Kehlkopf, Husten hart, trocken, chronische Nasenschleimhautentzündung, Asthma, **Lungenemphysem**, Ekzem, Mauke, gutes „Lösungsmittel" bei chronischer Bronchitis.

- **Empfohlene Dosierung:** 3 × täglich 1 Gabe

▸ **Aralia racemosa D6**

Allergische Bronchitis (z. B. Heu, Staub, Stroh), Asthma, chronischer Husten, trocken, krampfartig, Reizhusten.

- **Empfohlene Dosierung:** 3 × täglich 1 Gabe

▸ **Arsenum jodatum D6**

Chronische Bronchitis, Bronchien werden nicht frei, hartnäckige, chronische Bronchitisfälle, Husten trocken mit geringem, schwierigem Auswurf, allergischer Husten, Schwäche, Abmagerung, Unruhe, Ängstlichkeit.

- **Empfohlene Dosierung:** 3 × täglich 1 Gabe

▸ **Bryonia D30**

Akute und **chronische** Bronchitis, Husten trocken, hohl, hartnäckig, schmerzhaft, krampfartig, Reizhusten, trockene Schleimhäute, großer Durst, Verschlechterung durch Bewegung, besser durch Ruhe.

- **Empfohlene Dosierung:** 1 × täglich 1 Gabe

▸ **Grindelia D6**

Chronische Bronchitis mit zähem Schleim, Husten feucht, Auswurf reichlich, aber schwer löslich, starke Atemnot, kann im Liegen nicht atmen, Asthma, **Lungenemphysem.**

- **Empfohlene Dosierung:** 3 × täglich 1 Gabe

▸ Hepar sulfuris D30

Chronische Bronchitis, fördert bei fortgeschrittenen, **lang bestehenden** Entzündungen Resorption und Ausheilung, Beschwerden schlechter durch Kälte, besser durch Wärme.

- **Empfohlene Dosierung:** 1 × täglich 1 Gabe

▸ Spongia D30

Akute und **chronische** Atemwegsinfekte der oberen Luftwege, Husten trocken, bellend, rau, anfallsartig, aus der Tiefe der Brust, Reizhusten, Kehlkopfentzündung, trockene Schleimhäute der Atemwege, besser durch Wasseraufnahme (warm) und Futteraufnahme, schlechter in kalter Luft.

- **Empfohlene Dosierung:** 1 × täglich 1 Gabe

▸ Sticta D6

Chronische Bronchitis bei älteren Tieren mit Reizhusten, Schleimhäute trocken, Husten trocken, quälend, hartnäckig mit wenig Auswurf, akute und **chronische** Nasenschleimhautentzündung, allergische Nasenschleimhautentzündung, schlechter nachts und in kalter Luft.

- **Empfohlene Dosierung:** 3 × täglich 1 Gabe

▸ Tartarus stibiatus D30

Akute und **chronische** Bronchitis mit zähem, schleimigem Sekret, das schlecht abgehustet werden kann, Husten feucht, mit starkem Schleimrasseln, Atembeschwerden mit feuchten Rasselgeräuschen, starke Atemnot, Asthma bronchiale, **Lungenemphysem**, schlechter durch Wärme. **Leitsymptom: Schleimrasseln mit geringem Auswurf.**

- **Empfohlene Dosierung:** 1 × täglich 1 Gabe

6.9 Lungenentzündung

Beschreibung

Die Lungenentzündung (Pneumonie) tritt meist zusammen mit einer Bronchitis (Bronchopneumonie) auf. Es finden sich alle Symptome der akuten Bronchitis in verstärktem Maße.

Ursache

Virale und **bakterielle** Infektionen, Herzschwäche, Allergie, reizende Gase, Lungenwürmer, Fremdkörper (Fehlschlucken von Futter, unsachgemäße Eingabe von Arzneimitteln).

Symptome

Fieber, hochgradig gestörtes Allgemeinbefinden, heftige Atembeschwerden, verschärfte Atemgeräusche, Husten, Nasenausfluss.

Allgemeine Behandlungsmaßnahmen

Die Lungenentzündung gehört in die Hände eines Tierarztes! Eine homöopathische Therapie ist sinnvoll, sowohl als Alleinmaßnahme als auch als Begleittherapie.

Therapie

▸ **Aconitum D6 = Anfangsmittel**

Akuter plötzlicher Beginn mit hohem **Fieber** und gestörtem Allgemeinbefinden, Erkältung durch kalten Wind und Zugluft, Husten trocken, anfallsartig, große Unruhe, Ängstlichkeit.

- **Empfohlene Dosierung:** akut alle 2 Stunden 1 Gabe (1. Tag)

▸ **Belladonna D6 = Hauptmittel**

Akute Lungenentzündung mit **Fieber** und stark gestörtem Allgemeinbefinden, Husten trocken, hart, bellend. Belladonna ist ein sehr bewährtes Mittel für akute, fieberhafte Infekte.

- **Empfohlene Dosierung:** 3–6 × täglich 1 Gabe

▸ **Bryonia D6 = Hauptmittel**

Akute Lungenentzündung, Husten trocken, hohl, hartnäckig, schmerzhaft, krampfartig, Atmung schmerzhaft, Brustfellentzündung, trockene Schleimhäute, großer Durst, Verschlechterung durch Bewegung, besser durch absolute Ruhe.

- **Empfohlene Dosierung:** 3–6 × täglich 1 Gabe

▸ **Phosphor D30 = Hauptmittel**

Akute Lungenentzündung mit Fieber und gestörtem Allgemeinbefinden, Husten trocken, hohl, schmerzhaft, wenig Auswurf, Brustfellentzündung, Asthma bronchiale, akute Atemwegserkrankungen, **Konstitutionsmittel** (schlanke, sensible, temperamentvolle Tiere).

- **Empfohlene Dosierung:** 2 × täglich 1 Gabe

▸ **Hepar sulfuris D30**

Eitrige Lungenentzündung, alle eitrigen Entzündungen, akute Entzündung mit Neigung zur Eiterung, große Schmerzhaftigkeit und Berührungsempfindlichkeit, Abszess, drohender Abszess, fördert bei fortgeschrittenen, lang bestehenden, eitrigen Entzündungen Resorption und Ausheilung, Beschwerden schlechter durch Kälte, besser durch Wärme.

- **Empfohlene Dosierung:** 2 × täglich 1 Gabe

▸ **Lachesis D30**

Akute Lungenentzündung mit schwerer Beeinträchtigung des Allgemeinbefindens, (**Blutvergiftung**, **Sepsis**), hohes Fieber, Puls und Atemfrequenz erhöht, berührungsempfindlich. Lachesis ist besonders bei nicht eitrigen Entzündungsprozessen mit Gewebszerfall und akut fieberhafter Komplikation des Krankheitsgeschehens angezeigt.

- **Empfohlene Dosierung:** 2 × täglich 1 Gabe

▸ **Tartarus stibiatus D6**

Akute Lungenentzündung mit viel Schleim, der schlecht abgehustet werden kann, Husten, feucht, mit starkem Schleimrasseln, Atembeschwerden mit feuchten Rasselgeräuschen, Atemnot, Brustfellentzündung, Asthma bronchiale, schlechter durch Wärme.

Leitsymptom: Schleimrasseln mit geringem Auswurf.

- **Empfohlene Dosierung:** 3–6 × täglich 1 Gabe

CAVE Grenzen der Selbstmedikation beachten!

6.10 Luftsackentzündung

Beschreibung
Der Luftsack ist eine sackartige Erweiterung der Ohrtrompete (Eustachische Röhre), die das Mittelohr mit dem Rachen verbindet. Entzündungen der Luftsäcke haben meist eitrigen Charakter mit typischem Nasenausfluss.

Ursache
Folge einer eitrigen Entzündung im Nasen- oder Rachenraum oder fortgeleitete virale Infekte des Atmungstrakts, Komplikation einer Druse, Abszesse im umliegenden Gewebe, die sich in den Luftsack entleeren, Fremdkörper und eingedrungene Futterreste, (Pilzinfektionen).

Symptome
Nasenausfluss unregelmäßig, reichlich, eitrig, schleimig oder eingedickt, meist schubweise bei gesenktem Kopf, Fress- und Schluckbeschwerden, gestreckte Kopfhaltung, Schwellung im Bereich der Ganaschen und Ohrspeicheldrüse.
Akut: schmerzhafte Schwellung der oberen Halsregion, nicht durchtastbar.

Allgemeine Behandlungsmaßnahmen
Bodenfütterung zur Erleichterung des Sekretabflusses, Massage der oberen Halsregion bei gesenktem Kopf zur Unterstützung des Sekretabflusses.

Therapie
▸ **Hepar sulfuris D30**

Luftsackentzündung, Nasenausfluss eitrig, dick, reichlich, Schleimhautbeläge gelb, dick, eitrig, akute und chronische Entzündungen der Schleimhäute mit Neigung zur Eiterung, große Empfindlichkeit gegen kalte Luft und Berührung, Entzündungen des Hals-Nasen-Ohrenbereichs, Entzündungen der oberen und unteren Atemwege, alle eitrigen Entzündungen, Beschwerden schlechter durch Kälte, besser durch Wärme.

- **Empfohlene Dosierung:** 2 × täglich 1 Gabe

▸ **Hydrastis D6**

Luftsackentzündung, Nasenausfluss dick, gelb, fadenziehend, Schleimhäute mit dicken, weißlich-gelblichen, fadenziehenden Belägen, akute und chronische Katarrhe der oberen Luftwege, Nasennebenhöhlenentzündung, Nasenschleimhautentzündung, Tubenkatarrh.

■ **Empfohlene Dosierung:** 3 × täglich 1 Gabe

▸ **Kalium bichromicum D6**

Chronische, hartnäckige Luftsackentzündung, Nasenausfluss dickflüssig, zäh, klebrig, klumpig, hellgelb, Nasenschleimhautentzündung, Nasennebenhöhlenentzündung.

■ **Empfohlene Dosierung:** 3 × täglich 1 Gabe

▸ **Mercurius solubilis D12**

Akute und **chronische** Schleimhautentzündung mit Neigung zur Eiterung, weißlich, gelbe, eitrige Schleimhautbeläge, geschwürige Schleimhautveränderungen, Kehlgangslymphknoten geschwollen, Entzündungen des Hals-Nasen-Ohrenbereichs, Entzündungen der oberen Atemwege.

■ **Empfohlene Dosierung:** 2 × täglich 1 Gabe

▸ **Phytolacca D6**

Luftsackentzündung, akute und chronische Entzündungen des Hals-Rachenbereichs, Schleimhautbeläge grauweiß, gelb, zäh, eitrig, Fress- und Schluckbeschwerden, Druse, Lymphknotenentzündung, Ohrspeicheldrüsenentzündung.

■ **Empfohlene Dosierung:** 3 × täglich 1 Gabe

▸ **Silicea D30**

Fördert die Ausheilung von eitrigen Entzündungen und chronischen Entzündungsprozessen, beschleunigt Gewebeheilung, gutes Folgemittel von Hepar sulfuris. Silicea wird in späten Stadien von Entzündungsprozessen eingesetzt (Heilphase).

■ **Empfohlene Dosierung:** 1 × täglich 1 Gabe

6.11 Druse

Beschreibung

Die Druse ist charakterisiert durch eine Entzündung der oberen Atemwege mit der Bildung von Abszessen im Bereich der Kopflymphknoten.

Ursache

Bakterielle Infektion durch Streptococcus equi, Stressfaktoren wie Transport, Überanstrengung und Erkältung begünstigen das Geschehen.

Symptome

Fieber, gestörtes Allgemeinbefinden, Husten, schleimiger, eitriger Nasenausfluss, geschwollene Lymphknoten der Kopf-Rachen-Region mit Tendenz zur Abszessbildung.

Allgemeine Behandlungsmaßnahmen

Arbeitsruhe, Isolation (hochansteckend), bei Schluckbeschwerden Anpassung der Fütterung (Weich- und Schlappfutter), Optimierung der Haltung, Stallhygiene (Luft, Futter, Einstreu, Staubbelastung).

Therapie

▸ **Belladonna D6 = Hauptmittel**

Akute Druse mit **Fieber** und gestörtem Allgemeinbefinden, Husten, Nasenausfluss, wässrig schleimig. Belladonna ist ein sehr bewährtes Mittel für akute, fieberhafte Infekte.

- **Empfohlene Dosierung:** 3–6 × täglich 1 Gabe

▸ **Hepar sulfuris D6, D30 = Hauptmittel**

Druse, Nasenausfluss eitrig, Lymphknotenabszess, Abszesse vor und nach Eröffnung, große Schmerzhaftigkeit und Berührungsempfindlichkeit, alle eitrigen Entzündungen, akute Entzündung mit Neigung zur Eiterung, drohender Abszess. Die **hohe Potenz** fördert bei fortgeschrittenen, eitrigen Entzündungen Resorption und Ausheilung. Die **tiefe Potenz** beschleunigt Abszessreifung und Eiterentleerung.

- **Empfohlene Dosierung: D6**, 3 × täglich 1 Gabe; **D30**, 2 × täglich 1 Gabe

▶ **Mercurius solubilis D12**
Druse, Kehlgangslymphknoten geschwollen, Entzündungen der Lymphknoten mit und ohne Eiterung, Entzündung der Schleimhäute eitrig, geschwürartig, Abszess, akute und chronische Rachenentzündung, Ohrspeicheldrüsenentzündung, übler Mundgeruch, vermehrter Speichelfluss, großer Durst.

- **Empfohlene Dosierung:** 2 × täglich 1 Gabe

▶ **Myristica sebifera D4**
Fördert Abszessreifung und Eiterentleerung, Abszessbildung im Bereich der Kehlgangslymphknoten.

- **Empfohlene Dosierung:** 3 × täglich 1 Gabe

▶ **Phytolacca D6**
Druse, Kehlgangslymphknoten geschwollen, akute und chronische Lymphknotenentzündung, akute und chronische Rachenentzündung, Ohrspeicheldrüsenentzündung, Fress- und Schluckbeschwerden.

- **Empfohlene Dosierung:** 3 × täglich 1 Gabe

▶ **Silicea D30**
Fördert die Ausheilung von Abszessen nach Eröffnung und Entleerung, fördert die Ausheilung von chronischen Entzündungsprozessen und chronisch eitrigen Entzündungen, beschleunigt Gewebsheilung, gutes Folgemittel von Hepar sulfuris. Silicea wird in späten Stadien des Entzündungsprozesses eingesetzt (Heilphase).

- **Empfohlene Dosierung:** 1 × täglich 1 Gabe

CAVE Grenzen der Selbstmedikation beachten!

7 Verdauungsapparat

7.1 Appetitlosigkeit

Bei Appetitlosigkeit muss man unterscheiden zwischen einer plötzlich auftretenden Appetitlosigkeit, die häufig als Begleitsymptom einer akuten Erkrankung (Verdauungsstörung, fieberhafte Infektion) zu finden ist, und der Appetitlosigkeit als isoliertem oder chronischem Geschehen, die dann oft als „schlechter Fresser" vorgestellt wird. Liegen keine speziellen, akuten Erkrankungen zugrunde, kann man Appetitlosigkeit mit den folgenden Homöopathika behandeln.

Therapie

▸ Abrotanum D6

Appetitlosigkeit oder schlechter Appetit mit allgemeiner Schwäche, vor allem beim **Jungtier**, chronische Darmerkrankung, Blähungen, Befall mit Darmparasiten.

- **Empfohlene Dosierung:** 2 × täglich 1 Gabe

▸ Arsenicum album D6

Appetitlosigkeit, mangelnder oder wechselnder Appetit, Abmagerung, allgemeine **Schwäche**, Blutarmut, Unruhe, Ängstlichkeit, **Folgen von Fütterungsfehlern** (verdorbenes Futter, Giftpflanzen), Verdauungsstörung, Durchfall, Blähung, Gastritis, Durst auf kleine Mengen Wasser (schluckweise), Rekonvaleszenzmittel, besser durch Wärme, schlechter in Ruhe.

- **Empfohlene Dosierung:** 2 × täglich 1 Gabe

▸ Calcium phosphoricum D6

Jungtiermittel, Appetitlosigkeit, wechselnder Appetit, Aufbaumittel für Jungtiere, Wachstums- und Entwicklungsstörungen, **Konstitutionsmittel** (schlanke, zartgliedrige, lebhafte Tiere), Abmagerung, Blutarmut, Verdauungsschwäche, Milchunverträglichkeit beim Jungtier, perverser Appetit, chronische Magen-Darm-Erkrankungen.

- **Empfohlene Dosierung:** 2 × täglich 1 Gabe (beim Jungtier Langzeitbehandlung!)

▸ China D6

Appetitlosigkeit, wechselnder Appetit, **Schwäche**, Abmagerung, Überanstrengung, Blutarmut, Verdauungsschwäche, Blähung, Durchfall, Aufbaumittel, langsame, verzögerte Rekonvaleszenz, **Folge von Säfteverlust** (z. B. Blutung, Durchfall, Laktation, Geburt).

- **Empfohlene Dosierung:** 2 × täglich 1 Gabe

▸ Ferrum phosphoricum D12

Appetitlosigkeit oder verminderter Appetit bei **Blutarmut** und Schwäche (schlanke, anämische **Jungtiere**), Rekonvaleszenzmittel.

- **Empfohlene Dosierung:** 2 × täglich 1 Gabe

▸ Lycopodium D12

Appetitlosigkeit bei chronischen **Lebererkrankungen**, nach Koliken und Operationen, mangelnde Verdauungskraft, Blähungen, Verstopfung, magere Patienten, reizbar, Rekonvaleszenzmittel.

- **Empfohlene Dosierung:** 2 × täglich 1 Gabe

▸ Nux vomica D6

Appetitlosigkeit, Folgen von Fütterungsfehlern (verdorbenes, nicht tierartgerechtes Futter, Futterwechsel), Folgen von Arzneimittelverabreichungen, Folgen von Stress, Vergiftung, Folgen von nicht artgerechter Tierhaltung (Bewegungsmangel), Schwäche des Verdauungsapparats, perverser Appetit, Verdauungsstörung, Durchfall, Blähung, Verstopfung, Gastritis, Kolik.

- **Empfohlene Dosierung:** 2 × täglich 1 Gabe

7.2 Perverser Appetit

Beschreibung

Unter perversem Appetit versteht man im Allgemeinen das Fressen von unverdaulichen Substanzen oder nicht artgerechtem Futter.

Ursache

Infektionskrankheiten (zerebrale Störungen!), Mangelzustände (Mineralstoffe, Spurenelemente, Vitamine), Störungen der Darmflora, Magenschleimhautentzündung (Geschwür), mangelnde Auslastung und Beschäftigung, übernervöse Tiere, kahlgefressene Koppeln, Fütterungsmängel (nicht ausreichend, nicht adäquat).

Symptome

Kotfressen, Appetit auf Unverdauliches, Fressen von Sand, Erde, Wandfarbe (Kalk) und Wandputz.

Allgemeine Behandlungsmaßnahmen

Ursache abstellen, ausreichende Mineralstoff-, Spurenelement- und Vitaminversorgung, ausreichende, tierartgerechte Fütterung, Bäckerhefe, Heilerde, Tonminerale.

Therapie

▸ **Calcium carbonicum D200 = Hauptmittel**

Perverser Appetit, frisst Kalk und Putz von den Wänden, leckt an Steinen und Wänden, frisst Sand und Erde, Mineralstoffmängel, Störungen im Kalziumhaushalt und Kalziumstoffwechsel, Milchunverträglichkeit beim Jungtier, Wachstums- und Entwicklungsstörungen, chronische Magen-Darm-Störungen, Konstitutionsmittel (grobknochige, schwere, ruhige, phlegmatische Tiere).

- **Empfohlene Dosierung:** 1 × wöchentlich 1 Gabe

▸ Alumina D6

Perverser Appetit, Appetit auf Unverdauliches, frisst Sand, Erde, Kot, Kalk von den Wänden, Verstopfung, träger Darm.

- **Empfohlene Dosierung:** 2 × täglich 1 Gabe

▸ Calcium phosphoricum D6

Perverser Appetit, **Jungtiermittel**, Wachstums- und Entwicklungsstörungen, Abmagerung, Blutarmut, Verdauungsschwäche, Milchunverträglichkeit beim Jungtier, Aufbaumittel für Jungtiere, Konstitutionsmittel (schlanke, zartgliedrige, lebhafte Tiere), chronische Magen-Darm-Erkrankungen.

- **Empfohlene Dosierung:** 2 × täglich 1 Gabe

▸ Ferrum phosphoricum D12

Perverser Appetit bei **Blutarmut** und Schwäche (schlanke, anämische **Jungtiere**).

- **Empfohlene Dosierung:** 2 × täglich 1 Gabe

▸ Lycopodium D12

Perverser Appetit bei chronischen **Lebererkrankungen**, Abmagerung, mangelnde Verdauungskraft, Blähungen, Verstopfung, Reizbarkeit.

- **Empfohlene Dosierung:** 2 × täglich 1 Gabe

▸ Nux vomica D6

Perverser Appetit, Kotfressen, **Folgen von Fütterungsfehlern** (verdorbenes, nicht tierartgerechtes Futter), Folgen von Arzneimittelverabreichungen, Folgen von Stress, Folgen von Vergiftung, Folgen von nicht artgerechter Tierhaltung (Bewegungsmangel), Schwäche des Verdauungsapparats, **Leberleiden**, Verdauungsstörung, Durchfall, Blähung, Verstopfung, Gastritis, Kolik.

- **Empfohlene Dosierung:** 2 × täglich 1 Gabe

7.3 Ohrspeicheldrüsenentzündung

Beschreibung

Entzündungen der Ohrspeicheldrüse (Parotitis) entstehen meist im Gefolge von entzündlichen Prozessen in der Nachbarschaft (z. B. Druse, Mundschleimhautentzündung, Rachenentzündung, Luftsackentzündung). Die klassische Parotitis ist gekennzeichnet durch eine mehr oder weniger schmerzhafte Schwellung im Bereich der Ganaschen. Die typische Schwellung erstreckt sich vom Unterkieferwinkel hin zum Ohrgrund. Daneben findet man sehr viel häufiger schmerzlose Schwellungen der Ohrspeicheldrüse. Eine spezifische Infektionskrankheit der Speicheldrüse ist nicht bekannt.

Ursache

Klassische Parotitis: bakterielle und virale Infektionen, Erkältung, Quetschung der Drüse (Ganaschenzwang), Fremdkörper (Eindringen von Futterteilen), Speichelsteine.
Die **atypische** schmerzlose Schwellung der Ohrspeicheldrüse hängt oftmals mit hormonellen Dysfunktionen und Imbalanzen zusammen und korreliert zu bestimmten Zeiten mit Weidegang (vermutlich verursacht durch spezielle Inhaltsstoffe bestimmter Weidepflanzen).

Symptome

Klassische Parotitis: Schwellung im Bereich der oberen Halsgegend/Ganaschen; die Schwellung kann einseitig oder beidseitig auftreten, kann mehr oder weniger schmerzhaft, weich oder hart sein, in seltenen Fällen auch mit Vereiterung einhergehen; Verhärtungen sind oft hartnäckig, gestreckte Kopf-Hals-Haltung, vermehrter Speichelfluss, Kau- und Schluckbeschwerden, ggf. Fieber.
Bei der **atypischen** Form findet man nur eine schmerzlose Schwellung der Drüse, meist beidseitig, die keinerlei Beschwerden verursacht.

Allgemeine Behandlungsmaßnahmen

Ursache beseitigen, warme Anwendungen (z. B. Kartoffelbrei-Umschläge), eingeschränkter Weidegang, Regulation des Hormonhaushalts.

Therapie

▸ **Belladonna D6 = Anfangsmittel**

Akute Ohrspeicheldrüsenentzündung, die klassischen Entzündungszeichen sind Leitsymptome für diese Arznei (Rötung, Schwellung, Hitze, Schmerzhaftigkeit), Berührungsempfindlichkeit, ggf. Fieber. Belladonna ist ein sehr bewährtes Mittel für akute, lokale Entzündungen sowie für fieberhafte Infekte.

- **Empfohlene Dosierung:** 3 × täglich 1 Gabe

▸ **Apis D6**

Akute Ohrspeicheldrüsenentzündung mit schmerzhafter Schwellung, starke Berührungsempfindlichkeit, große Unruhe, kein Durst, besser durch kühlende Anwendungen.

- **Empfohlene Dosierung:** 3 × täglich 1 Gabe

▸ **Bryonia D6**

Akute Ohrspeicheldrüsenentzündung mit Schwellung und Wärme, Berührungsempfindlichkeit, Druck auf die Drüse erleichtert.

- **Empfohlene Dosierung:** 3 × täglich 1 Gabe

▸ **Mercurius solubilis D12**

Chronische Ohrspeicheldrüsenentzündung, übler Mundgeruch, vermehrter Speichelfluss, Fress- und Schluckbeschwerden, großer Durst, eitrige Entzündung, Kehlgangslymphknoten geschwollen, Abszess, akute und chronische Rachenentzündung.

- **Empfohlene Dosierung:** 2 × täglich 1 Gabe

▸ **Phytolacca D30**

Akute und **chronische** Ohrspeicheldrüsenentzündung, Kehlgangslymphknoten geschwollen, akute und chronische Lymphknotenentzündung, akute und chronische Rachenentzündung, Fress- und Schluckbeschwerden.

- **Empfohlene Dosierung:** 1 × täglich 1 Gabe

▸ **Pulsatilla D30**

Chronische Ohrspeicheldrüsenentzündung, Drüse weich, nicht schmerzhaft, kein Durst, eventuell gleichzeitige Erkrankung von Hoden, Eierstöcken oder Brustdrüse, hormonelle Dysfunktion.

- **Empfohlene Dosierung:** 1 × täglich 1 Gabe

7.4 Magenschleimhautentzündung

Beschreibung

Die Entzündung der Magenschleimhäute (Gastritis) verläuft häufig ohne ausgeprägte Symptomatik. Wichtigste Risikogruppe bei dieser Erkrankung sind Renn- und Turnierpferde mit viel Stress und Verfütterung von größeren Mengen an Kraftfutter.

Ursache

Fütterungsfehler (zu wenig Rauhfutter, zu viel Kraftfutter, pelletiertes Futter), **Stress**, Arzneimittel (längere, perorale Verabreichung), Parasiten (Würmer, Magendassel), Infektion.

Symptome

Schlechter Appetit, Gewichtsverlust und Abmagerung, verminderte Leistungsfähigkeit, Rülpsen, Mundgeruch, Zähneknirschen, Gähnen, Flehmen, milde Koliken (v. a. nach Fütterung).

Allgemeine Behandlungsmaßnahmen

Die endoskopische Untersuchung durch den Tierarzt ermöglicht eine sichere Diagnosestellung! Abstellen der Ursache, Optimierung von Haltung (Stressabbau) und Fütterung, leichter Kamillentee (längere Verabreichung), Haferschleim, Leinsamenschleim, Pektin, Kaolin.

Therapie

▸ **Argentum nitricum D30 = Hauptmittel**

Magenschleimhautentzündung bei ängstlichen, unruhigen Tieren – vor allem durch **Stress** und **Aufregung** bedingt, Blähungen, nervöser Durchfall, Aufstoßen, besser in frischer Luft.

- **Empfohlene Dosierung:** 2 × täglich 1 Gabe

▸ **Arsenicum album D6 = Hauptmittel**

Magenschleimhautentzündung durch Infektionen und als Folge von **Fütterungsfehlern**, Unruhe, Ängstlichkeit, Schwäche, großer Durst auf kleine Mengen Wasser (schluckweise), allmählicher Gewichtsverlust, Verdauungsstörung, Blähung, Appetitlosigkeit, mangelnder oder wechselnder Appetit, besser durch Wärme.

- **Empfohlene Dosierung:** 3 × täglich 1 Gabe

▸ **Nux vomica D6 = Hauptmittel**

Magenschleimhautentzündung, Folgen von **Fütterungsfehlern** (nicht tierartgerechte Fütterung), von **Arzneimittelverabreichungen**, von **Stress**, Verdauungsstörung, Appetitlosigkeit, Blähung, Kolik.

- **Empfohlene Dosierung:** 3 × täglich 1 Gabe

▸ **Carbo vegetabilis D30**

Magenschleimhautentzündung, Blähungen, Aufstoßen, Durchfall, Kreislaufschwäche, Haut kalt, Verdauungsstörung, große Schwäche, Abmagerung, perverser Appetit, Kotfressen, besser in frischer Luft.

- **Empfohlene Dosierung:** 2 × täglich 1 Gabe

▸ **China D6**

Magenschleimhautentzündung bei nervöser Reizbarkeit, Überanstrengung, Schwäche, Abmagerung, Folge von Darmparasitenbefall, Anämie, Verdauungsschwäche, Blähung, Aufstoßen, Appetitlosigkeit, wechselnder Appetit.

- **Empfohlene Dosierung:** 3 × täglich 1 Gabe

▸ **Lycopodium D12**

Magenschleimhautentzündung bei chronischen **Lebererkrankungen** und chronischer Verdauungsstörung, eigenwillige, launische Tiere, Aufstoßen, wechselnder Appetit, Abmagerung, mangelnde Verdauungskraft, Blähungen, Verstopfung, Reizbarkeit, perverser Appetit.

- **Empfohlene Dosierung:** 2 × täglich 1 Gabe

7.5 Mangelnde Verdauungskraft

Beschreibung

Mangelnde Verdauungskraft führt letztendlich immer zu einer Minderversorgung des Organismus mit Nährstoffen und Energie und dadurch zu Leistungsminderung und Wachstumsstörungen.

Ursache

Mangelhafte Funktion der Verdauungsdrüsen des Magen-Darm-Trakts, der Bauchspeicheldrüse und der Leber, Darmparasiten, konstitutionelle Schwächen.

Symptome

Schwäche, Leistungsabfall, Abmagern, geringe Gewichtszunahme, Verdauungsstörungen, mangelhafte Kotfärbung und Kotkonsistenz.

Allgemeine Behandlungsmaßnahmen

Beseitigung der Ursache, Optimierung von Haltung und Fütterung (adäquate Futterqualität), Licht, Luft, Sonne und Bewegung, Abklären von Störungen der Leber und der Bauchspeicheldrüse, **Konstitutionsbehandlung.**

Therapie

▸ Abrotanum D6

Mangelnde Verdauungskraft, Appetitlosigkeit oder schlechter Appetit mit allgemeiner Schwäche, vor allem beim **Jungtier**, Abmagern bei Heißhunger, chronische Darmerkrankung, Blähungen, Befall mit Darmparasiten.

- **Empfohlene Dosierung:** 2 × täglich 1 Gabe

▸ Acidum phosphoricum D6

Wachstums- und Entwicklungsstörungen, Schwäche, Erschöpfung, Müdigkeit, Teilnahmslosigkeit, Verdauungsschwäche, Verdauungsstörungen, Blähung, Durchfall, Überempfindlichkeit gegen Geräusche und Licht, Folge von Säfteverlust (Laktation, Durchfall, Geburt, Blutung),

Folge von Wurmbefall, Aufbaumittel für geschwächte Organismen, Rekonvaleszenzmittel, schlechter durch Anstrengung, Zugluft, Kälte, besser durch Wärme, Ruhe.

- **Empfohlene Dosierung:** 2 × täglich 1 Gabe

▸ **Arsenicum album D6**

Mangelnde Verdauungskraft, Abmagerung, allgemeine **Schwäche**, Blutarmut, Appetitlosigkeit, mangelnder oder wechselnder Appetit, **Unruhe**, **Ängstlichkeit**, Verdauungsstörung, Folgen von Fütterungsfehlern, Durchfall, Blähung, Gastritis, Durst auf kleine Mengen Wasser (schluckweise), Rekonvaleszenzmittel, besser durch Wärme, schlechter in Ruhe.

- **Empfohlene Dosierung:** 2 × täglich 1 Gabe

▸ **Calcium carbonicum D200**

Konstitutionsmittel (grobknochige, schwere, ruhige, phlegmatische Tiere), Wachstums- und Entwicklungsstörungen, chronische Magen-Darm-Störungen, unverdautes Futter, Kot sauer, Milchunverträglichkeit beim Jungtier, perverser Appetit, Erschöpfungszustände, Infektanfälligkeit, Störungen im Kalziumhaushalt und Kalziumstoffwechsel, Folgen von Wurmbefall, Neigung zur Fettsucht, Kälteempfindlichkeit, schlechter durch Kälte, Nässe, Anstrengung.

- **Empfohlene Dosierung:** 1 × monatlich (4–6 Gaben)

▸ **Calcium phosphoricum D6**

Jungtiermittel, Wachstums- und Entwicklungsstörungen, **Konstitutionsmittel** (schlanke, zartgliedrige, lebhafte Tiere), Abmagerung, Blutarmut, Verdauungsschwäche, Appetitlosigkeit, wechselnder Appetit, schnelle Ermüdbarkeit, Aufbaumittel für Jungtiere, Milchunverträglichkeit beim Jungtier, perverser Appetit, chronische Magen-Darm-Erkrankungen.

- **Empfohlene Dosierung:** 2 × täglich 1 Gabe (beim Jungtier Langzeitbehandlung!)

▸ China D6

Verdauungsschwäche, Appetitlosigkeit, wechselnder Appetit, allgemeine Schwäche, Abmagerung, Blutarmut, Aufbaumittel, Blähung, chronischer Durchfall, Folge von Darmparasitenbefall, **Folge von Säfteverlust** (z. B. Blutung, Durchfall, Laktation, Geburt), langsame, verzögerte Rekonvaleszenz, besser durch Wärme und Bewegung.

- **Empfohlene Dosierung:** 2 × täglich 1 Gabe

▸ Ferrum phosphoricum D12

Mangelnde Verdauungskraft bei **Blutarmut** und Schwäche (schlanke, anämische **Jungtiere**), Appetitlosigkeit oder verminderter Appetit, chronischer Durchfall, unverdaute Nahrung, Erschöpfung, Rekonvaleszenzmittel.

- **Empfohlene Dosierung:** 2 × täglich 1 Gabe

▸ Lycopodium D12

Mangelnde Verdauungskraft bei chronischen **Lebererkrankungen**, Appetitlosigkeit, Abmagerung, allgemeine Schwäche, chronische Gastritis, Blähungen, Verstopfung, Kot spärlich und fest, Haarkleid matt und struppig, magere Patienten, reizbar, Rekonvaleszenzmittel.

- **Empfohlene Dosierung:** 2 × täglich 1 Gabe

▸ Phosphor D200

Konstitutionsmittel (hochgewachsene, schlanke, feinknochige, lebhafte, sensible Tiere), rasch abgespannt und erschöpft, nervös, dünnhäutig, berührungsempfindlich, große Schwäche, Kräfteverfall, Unruhe, Ängstlichkeit, Überempfindlichkeit aller Sinne, temperamentvoll, verspielt, Verdauungsstörungen, Wachstums- und Entwicklungsstörungen, Abmagerung, Aufbaumittel, besser durch Ruhe.

- **Empfohlene Dosierung:** 1 × monatlich (4–6 Gaben)

7.6 Durchfall

Beschreibung

Durchfall (Diarrhoe) ist keine Krankheit, sondern ein Symptom, das bei sehr unterschiedlichen Krankheitsbildern auftreten kann. Besondere Aufmerksamkeit muss man vor allem dem Durchfall beim Jungtier schenken, da rascher Flüssigkeitsverlust sehr schnell eine kritische Situation herbeiführen kann.

Ursache

Virale und bakterielle Infektionen, Fütterungsfehler, Stress, Wurmbefall, Arzneimittel, Giftpflanzen, Giftstoffe (Holzschutzmittel, Pflanzenschutzmittel).

Symptome

Dünnbreiiger bis wässriger Kot, Wasser- und Elektrolytverlust, herabgesetzte Hautspannung (Austrocknung), verminderter Appetit, Mattigkeit, ggf. Fieber.

Allgemeine Behandlungsmaßnahmen

Ursachen beseitigen, Magerkost (nur Raufutter) und Wasser zur freien Verfügung, Flüssigkeits- und Elektrolytzufuhr (Fohlen!), schwarzer Tee, Kamillentee, Leinsamenschleim.

Therapie

▸ **Arsenicum album D6 = Hauptmittel**

Akuter Durchfall, **Folgen von Fütterungsfehlern** (verdorbenes Futter, Giftpflanzen), Verdauungsstörung, Unruhe, Ängstlichkeit, Schwäche, Durst auf kleine Mengen Wasser (schluckweise), Blähung, Gastritis, Appetitlosigkeit, mangelnder oder wechselnder Appetit, besser durch Wärme.

- **Empfohlene Dosierung:** 3 × täglich 1 Gabe

▸ **Nux vomica D6 = Hauptmittel**

Akuter Durchfall, **Folgen von Fütterungsfehlern** (verdorbenes, nicht tierartgerechtes Futter, Futterwechsel), Überfressen, Folgen von Arzneimittelverabreichungen, Folgen von Stress, Folgen von Vergiftung, Schwäche des Verdauungsapparats, Verdauungsstörung, Appetitlosigkeit, Blähung, Verstopfung, Gastritis, Kolik.

- **Empfohlene Dosierung:** 3 × täglich 1 Gabe

▸ **Carbo vegetabilis D30**

Akuter und chronischer Durchfall, wässrig mit Blähungen, Kreislaufschwäche, Haut kalt, Verdauungsstörung, Gastritis, große Schwäche, Abmagerung, besser in frischer Luft.

- **Empfohlene Dosierung:** 2 × täglich 1 Gabe

▸ **China D6**

Chronischer Durchfall, Schwäche, Abmagerung, Folge von Darmparasitenbefall, Verdauungsschwäche, Blähung, Appetitlosigkeit, wechselnder Appetit.

- **Empfohlene Dosierung:** 3 × täglich 1 Gabe

▸ **Okoubaka D3**

Akuter und chronischer Durchfall, Folgen von **Vergiftungen**, Folgen von verdorbenem Futter.

- **Empfohlene Dosierung:** 3 × täglich 1 Gabe

▸ **Podophyllum D6**

Akuter und chronischer Durchfall, wässriger Kot, Blähung, Leberleiden, großer Durst.

- **Empfohlene Dosierung:** 3 × täglich 1 Gabe

7.7 Verstopfung

Beschreibung

Unter Verstopfung versteht man in der Regel eine Anschoppung von Darminhalt im Bereich des Dickdarms aufgrund einer gestörten Darmpassage. Der Darminhalt verweilt zu lange im Dickdarm, wird dadurch zu sehr eingedickt, zu trocken und zu hart. Dickdarmanschoppungen entwickeln sich über mehrere Tage.

Ursache

Fütterungsfehler (unregelmäßige Fütterung, rasche Futterumstellungen, ungeeignetes Futter), verminderte Wasseraufnahme, Bewegungsmangel, Zahnprobleme, Stress, Darmlähmung, Darmkrämpfe.

Symptome

Erschwerter oder fehlender Kotabsatz, kleine, harte, trockene Kotballen, Futterverweigerung, Koliksymptome, ggf. Fieber, beschleunigte Puls- und Atemfrequenz.

Allgemeine Behandlungsmaßnahmen

Jede Verstopfung mit Koliksymptomen ist ein Notfall und bedarf tierärztlicher Behandlung!

Die rektale Untersuchung durch den Tierarzt sichert die Diagnose. Ursache abstellen (Zähne, Futter, Wasser, Bewegung).

Therapie

- **Nux vomica D6 = Hauptmittel**

Verstopfung, Blähung, Kolik, Folgen von Fütterungsfehlern (verdorbenes, nicht tierartgerechtes Futter), Folgen von Arzneimittelverabreichungen, Folgen von Stress, Folgen von Vergiftung, Folgen von nicht artgerechter Tierhaltung (Bewegungsmangel), Schwäche des Verdauungsapparates, Leberleiden, Verdauungsstörung.

- **Empfohlene Dosierung:** 3 × täglich 1 Gabe

▸ **Plumbum aceticum D6 = Hauptmittel**

Hartnäckige, schwere Verstopfungen, gelähmte Verdauung, aufgezogener Bauch, Plumbum fördert die Sekretion der Darmschleimhäute und durchweicht somit eingedickte Kotmassen; Plumbum aktiviert sehr mild die Darmperistaltik; Verstopfungskolik.

- **Empfohlene Dosierung:** 6 × täglich 1 Gabe

▸ **Alumina D6**

Verstopfung, **träger Darm** vor allem **bei älteren Pferden und tragenden Stuten**, trockene Haut und Schleimhäute, Appetit auf Unverdauliches.

- **Empfohlene Dosierung:** 3 × täglich 1 Gabe

▸ **Bryonia D6**

Verstopfung infolge mangelnder Sekretion der Darmdrüsen, **trockene Schleimhäute**, **großer Durst**, trockener, fester Kot – eventuell blutig, meidet Bewegung, Reizbarkeit.

- **Empfohlene Dosierung:** 3 × täglich 1 Gabe

▸ **Lycopodium D12**

Verstopfung bei chronischen **Lebererkrankungen,** mangelnde Verdauungskraft, Blähungen, Abmagerung, Reizbarkeit.

- **Empfohlene Dosierung:** 2 × täglich 1 Gabe

▸ **Opium D30**

Verstopfung, Darmlähmung, Folge von Operation oder Narkose, keine Darmperistaltik, kein Kotdrang, Benommenheit und große Schläfrigkeit, Tiere liegen viel, Verstopfung bei alten Tieren.

- **Empfohlene Dosierung:** 2 × täglich 1 Gabe

7.8 Kolik

Beschreibung

Unter Kolik versteht man ganz allgemein einen schmerzhaften Zustand im Bauchraum. Meist handelt es sich um schmerzhafte Prozesse des Magen-Darm-Trakts. Man unterscheidet hauptsächlich eine Krampfkolik von einer Blähungskolik und einer Verstopfungskolik.

Ursache

Stress, Fütterungsfehler (rasche Futterumstellung, ungeeignete Futtermittel, verdorbenes Futter), Wetterwechsel, Bewegungsmangel, Fehlfunktionen des vegetativen Nervensystems, Giftstoffe, Parasiten (Würmer), Zahnfehler.

Symptome

Unruhe, Scharren, Schwitzen, Flehmen, Schlagen gegen den Bauch, Wälzen, Hinwerfen, Auf- und Niedergehen, zur Flanke schauen, Futterverweigerung, erhöhte Puls- und Atemfrequenz. Manche Pferde verhalten sich auch untypisch – sie sind auffällig ruhig und zeigen nur sehr subtil ihren Schmerz.

Allgemeine Behandlungsmaßnahmen

Jede Kolik ist ein Notfall und bedarf der tierärztlichen Abklärung und Behandlung!

Ursachen beseitigen, krampflösende, schmerzlindernde Maßnahmen, lokale Wärme (Decke). Leichte Bewegung (spazieren gehen) und Wälzen schafft manchmal Erleichterung.

Therapie

Hinweis: Im akuten Fall einer Kolik kann es notwendig sein, die Häufigkeit der Verabreichung eines homöopathischen Arzneimittels auf alle 10–15 Minuten zu steigern!

▸ **Aconitum D6 = Anfangsmittel**

Plötzliche, heftige Kolik, Dauerschmerz, Unruhe, Ängstlichkeit, Folge von Zugluft und Erkältung.

- **Empfohlene Dosierung:** 1 Gabe alle 15 Minuten bis zur Besserung (**1. Stunde**)

▸ **Colocynthis D6 = Hauptmittel**

Akute **Krampfkolik**, anfallsartig, heftige Schmerzreaktionen, Blähung, Gasabgang, Durchfall, aufgekrümmter Rücken, Folgen von Grünfütterung, besser durch Wärme und **Druck** auf den Bauch.

- **Empfohlene Dosierung:** 1 Gabe alle 15 Minuten bis zur Besserung

▸ **Nux vomica D6 = Hauptmittel**

Das **Hauptmittel für die Krampfkolik**, Folgen von **Fütterungsfehlern** (verdorbenes, nicht tierartgerechtes Futter, Futterwechsel, Überfressen), Folgen von **Stress**, Durchfall, Verstopfung, Blähung.

- **Empfohlene Dosierung:** 1 Gabe alle 15 Minuten bis zur Besserung

▸ **Belladonna D6**

Mittel für **frühes Kolikstadium**, akute, plötzliche, heftige Kolik, anfallsartig, viel Schweiß, große Erregbarkeit, Berührungsempfindlichkeit, Pupille weit, **Sägebockstellung**, Folgen von Überhitzung, Zugluft und Überanstrengung.

- **Empfohlene Dosierung:** 1 Gabe alle 15 Minuten bis zur Besserung

▸ **Chamomilla D30**

Krampfkolik, heftige Schmerzreaktionen, Blähungen, Durchfall, überempfindliche, nervöse, aufgeregte Tiere.

- **Empfohlene Dosierung:** 1 Gabe alle 30 Minuten bis zur Besserung

▸ **Magnesium phosphoricum D6**

Krampfkolik, heftig, plötzlich, anfallsartig, aufgekrümmter Rücken, Blähung, besser durch **Wärme** und **Massage/Druck** auf Bauch.

- **Empfohlene Dosierung:** 1 Gabe alle 15 Minuten bis zur Besserung

▸ Opium D30

Verstopfungskolik, Darmlähmung, keine Darmperistaltik, kein Kotdrang, Blähung, Benommenheit und große Schläfrigkeit, Tiere sind ruhig, apathisch und liegen viel, Verstopfung bei alten Tieren.

- **Empfohlene Dosierung:** 2 × täglich 1 Gabe

▸ Plumbum aceticum D6

Verstopfungskolik, hartnäckige, schwere Verstopfungen, gelähmte Verdauung, aufgezogener Bauch. Plumbum fördert die Sekretion der Darmschleimhäute und durchweicht somit eingedickte Kotmassen. Plumbum aktiviert sehr mild die Darmperistaltik.

- **Empfohlene Dosierung:** 6 × täglich 1 Gabe.

CAVE Grenzen der Selbstmedikation beachten!

7.9 Blähung und Blähungskolik

Beschreibung

Blähungen sind Folgen von Fehlgärungsprozessen. Es kommt zu mehr oder weniger starker Gasbildung, die zu vermehrtem Gasabgang bis hin zur Aufgasung von Magen und Darm mit gering- bis hochgradigen Kolikanfällen führen kann. Meist sind Fütterungsfehler die Ursachen für die Fehlgärungsprozesse.

Ursache

Zu rascher Futterwechsel (meist zu Beginn der Weideperiode), gärfähige, blähende Futtermittel (angewelktes, überhitztes Grünfutter, Klee, Luzerne), große Mengen Obst, frischer Getreideschrot, Schadfutter, Folge von Darmkrämpfen, Folge von Störungen der Darmmotorik (lokale Darmdurchblutungsstörungen).

Symptome

Blähung: Vermehrter Abgang von Darmwinden, Blähsucht.
Blähungskolik: (Symptomatik siehe auch unter Kolik) plötzlicher Beginn der Symptome, **Vorbericht Fütterung**, geblähter, schmerzhafter Bauchraum, meist geringer oder kein Gasabgang, Kotabsatz vermindert, Kot säuerlich mit Gasblasen durchsetzt, Puls und Atemfrequenz erhöht, Schweißausbruch, Kreislaufbeschwerden, **Atemnot** (im Extremfall hundesitzige Stellung), oftmals **Magenüberladung**!

Allgemeine Behandlungsmaßnahmen

Blähung: Abstellen der Ursachen (Futterumstellung!), Regulation der Darmperistaltik, blähungstreibende, krampflösende Maßnahmen, Bewegung an der Hand.
Blähungskolik: **Jede Kolik ist ein Notfall und bedarf der tierärztlichen Abklärung und Behandlung!** Ursachen beseitigen, Magensonde (ggf. Magenspülung), Entgasung (in schweren Fällen Darmpunktion), blähungstreibende, krampflösende Maßnahmen, Unterstützung von Herz-Kreislauf, Magerkost, Bewegung an der Hand.

Therapie

Allgemeinmittel für Blähungen und Blähsucht

▸ **Arsenicum album D6**

Blähung, **Folgen von Fütterungsfehlern** (verdorbenes Futter, Giftpflanzen), Verdauungsstörung, Durchfall, Gastritis, Appetitlosigkeit, mangelnder oder wechselnder Appetit, Unruhe, Ängstlichkeit, Schwäche, Durst auf kleine Mengen Wasser (schluckweise).

- **Empfohlene Dosierung:** 3 × täglich 1 Gabe

▸ **Carbo vegetabilis D30**

Blähung, starke Anhäufung von Blähungen im Magen-Darm-Trakt, Verdauungsstörung, Durchfall, Gastritis, Kreislaufschwäche, Haut kalt, große Schwäche, besser durch Gasabgang, schlechter durch Niederlegen.

- **Empfohlene Dosierung:** 2 × täglich 1 Gabe

▸ **China D6**

Blähung, Verdauungsschwäche, chronischer Durchfall, Appetitlosigkeit, wechselnder Appetit, Schwäche, Abmagerung, Folge von Darmparasitenbefall, besser durch Bewegung.

- **Empfohlene Dosierung:** 3 × täglich 1 Gabe

▸ **Lycopodium D6**

Blähungen und mangelnde Verdauungskraft bei chronischen **Lebererkrankungen,** Abmagerung, Verstopfung, Reizbarkeit.

- **Empfohlene Dosierung:** 3 × täglich 1 Gabe

Mittel bei Blähungskoliken

▸ **Chamomilla D30**

Blähungen, heftige Schmerzreaktionen, Kolik, Durchfall, überempfindliche, nervöse, aufgeregte Tiere.

- **Empfohlene Dosierung:** 1 Gabe alle 30 Minuten bis zur Besserung

▸ **Colocynthis D6**

Blähung, Kolik, anfallsartig, heftige Schmerzreaktionen, Gasabgang, Durchfall, aufgekrümmter Rücken, Folgen von Grünfütterung, besser durch Wärme und Druck auf den Bauch.

- **Empfohlene Dosierung:** 1 Gabe alle 15 Minuten bis zur Besserung

▸ **Nux vomica D6**

Blähung, Folgen von **Fütterungsfehlern** (verdorbenes, nicht tierartgerechtes Futter, Futterwechsel, Überfressen), Folgen von **Stress**, Folgen von Arzneimittelverabreichungen, Schwäche des Verdauungsapparats, Verdauungsstörung, Durchfall, Verstopfung, Gastritis, Kolik.

- **Empfohlene Dosierung:** 1 Gabe alle 15 Minuten bis zur Besserung

CAVE Grenzen der Selbstmedikation beachten!

8 Leber

8.1 Gelbsucht

Beschreibung

Bei der Gelbsucht (Ikterus) bewirkt eine erhöhte Konzentration von Gallefarbstoffen im Blut die Gelbfärbung von Schleimhäuten und Haut. Gelbsucht ist ein typisches Symptom der akuten oder chronischen Lebererkrankung, muss aber nicht bei jeder Lebererkrankung auftreten. Gelbsucht tritt auf bei Galleabflussstörungen, bei Lebererkrankungen und bei massivem Zerfall von roten Blutkörperchen.

Therapie

▸ **Berberis D6**

Gelbsucht, Leber- und Nierenmittel, bei Störungen von Leberfunktion und Gallefluss, Erschöpfung, Schwäche, Folge von Leber- und Nierenerkrankungen, träge Leberfunktion, Haut und Schleimhäute gelblich, Leberdrainagemittel.

- **Empfohlene Dosierung:** 2 × täglich 1 Gabe

▸ **Carduus marianus D6**

Gelbsucht, Hepatitis, akute und chronische Lebererkrankungen, Verdauungsstörungen, Wechsel zwischen Verstopfung und Durchfall, Blähung, Urin dunkelgelb, fördert Gallesekretion, gereizte, ärgerliche, traurige Patienten, Leberdegeneration, Leberzirrhose, Leberstoffwechselstörungen, Leberdrainagemittel.

- **Empfohlene Dosierung:** 3 × täglich 1 Gabe

▸ **Chelidonium D6**

Gelbsucht, Hepatitis, akute und chronische Lebererkrankungen, Lebergegend druckempfindlich, Leistungsabfall, müde, langsam, apathisch, traurig, deutliche **Berührungsempfindlichkeit** vor allem im Leberbereich, Verdauungsstörungen, Wechsel zwischen Durchfall und Verstopfung, Kolik, Blähsucht, Kot hell, gelb, lehmfarben, Urin dunkelgelb, fördert Durchblutung der Leber und Sekretion und Abfluss der Galle, deutliche krampflösende Wirkung auf Bauchraum, reguliert gestörte

Leberfunktionen, besser nach Fressen, durch Wärme, in Ruhe, schlechter durch Berührung, Bewegung, Wetterwechsel.

- **Empfohlene Dosierung:** 3 × täglich 1 Gabe

▸ Flor de piedra D6

Gelbsucht, akute und chronische Leberstörungen, erheblicher Leistungsabfall, schnell müde und matt, ängstlich, apathisch, schläfrig, sucht Zuwendung, Verdauungsstörungen, Wechsel zwischen Durchfall und Verstopfung, Appetitlosigkeit, Blähsucht, vermehrter Abgang von Darmgasen, Kot hell, gelblich, wässrig, Leberregion druckempfindlich, Leberdegeneration, zentralnervöse Symptome, Folgen von Leberschäden, normalisiert gestörte Leberfunktionen

- **Empfohlene Dosierung:** 3 × täglich 1 Gabe

8.2 Leberentzündung

Beschreibung

Die akute Entzündung des Lebergewebes (Hepatitis) ist ein eher seltenes Ereignis. Die Erkrankung hat außer der Gelbsucht kein typisches Erscheinungsbild und kann deshalb auch leicht verwechselt werden, vor allem dann, wenn die Gelbsucht nicht stark ausgeprägt ist. Für die Diagnose ist die Analyse der Leberwerte im Blut ein wichtiges Hilfsmittel.

Ursache

Virale und bakterielle Infektionen, Parasiten (Leberegel, Askariden, Strongyliden), Pilze, Giftstoffe.

Symptome

Gelbsucht, gestörtes Allgemeinbefinden, Leistungsschwäche, Müdigkeit, Gähnen, Appetitlosigkeit, Abmagerung, Verdauungsstörungen, Verstopfung, Durchfall, Blähung, Bewegungsscheu, Muskelschwäche, nervöse Übererregbarkeit, zentralnervöse Störungen (Kreisbewegungen, Kopfschlagen, Bewegungsstörungen/Koordinationsstörungen), Verhaltensstörungen, Leberregion druckempfindlich, Blutleberwerte erhöht, Urin dunkel, verfärbt, Kot hell, weich, lehmfarben, (evtl. Photosensibilisierung der Haut).

Allgemeine Behandlungsmaßnahmen

Beseitigung der Ursache, Entlastung der Leber, einwandfreie Futterqualität, Leberschonkost: gutes Heu und Grünfutter (eiweißarm), kein Kraftfutter.

Therapie

▸ **Carduus marianus D6**

Hepatitis, akute und chronische Lebererkrankungen, Gelbsucht, Verdauungsstörungen, Wechsel zwischen Verstopfung und Durchfall, Blähung, Urin dunkelgelb, fördert Gallesekretion, gereizte, ärgerliche, traurige Patienten, Leberdegeneration, Leberzirrhose, Leberstoffwechselstörungen, Leberdrainagemittel.

- **Empfohlene Dosierung:** 3 × täglich 1 Gabe

▸ **Chelidonium D6**

Hepatitis, akute und chronische Lebererkrankungen, **Gelbsucht,** Lebergegend druckempfindlich, Leistungsabfall, müde, langsam, apathisch, traurig, deutliche **Berührungsempfindlichkeit** vor allem im Leberbereich, Verdauungsstörungen, Wechsel zwischen Durchfall und Verstopfung, Kolik, Blähsucht, Kot hell, gelb, lehmfarben, Urin dunkelgelb, fördert Durchblutung der Leber und Sekretion und Abfluss der Galle, deutliche krampflösende Wirkung auf Bauchraum, reguliert gestörte Leberfunktionen, besser nach Fressen, Wärme, Ruhe, schlechter durch Berührung, Bewegung, Wetterwechsel.

- **Empfohlene Dosierung:** 3 × täglich 1 Gabe

▸ **Flor de piedra D6**

Hepatitis, akute und chronische Leberstörungen, Gelbsucht, erheblicher Leistungsabfall, schnell müde und matt, ängstlich, apathisch, schläfrig, sucht Zuwendung, Verdauungsstörungen, Wechsel zwischen Durchfall und Verstopfung, Appetitlosigkeit, Blähsucht, vermehrter Abgang von Darmgasen, Kot hell, gelblich, wässrig, Leberregion druckempfindlich, Leberdegeneration, zentralnervöse Symptome, Folgen von Leberschäden, normalisiert die gestörte Leberfunktion.

- **Empfohlene Dosierung:** 3 × täglich 1 Gabe

▸ **Lycopodium D12**

Hepatitis, **chronische Lebererkrankungen**, meist keine Gelbsucht, Leberregion druckempfindlich, Abmagerung, Schwäche, **Blähungen**, Verstopfung, mangelhafte Verdauungskraft, Appetitlosigkeit, sehr wählerisch, Kot spärlich, fest, dunkel, Urin mit rotem Sediment, müde, lustlos, missgelaunt, reizbar, keinen Widerspruch duldend, herrisch, allgemeine Schwäche der Leberfunktion, Leberdegeneration, reguliert Leberstoffwechsel, harmonisiert die Verdauung, besser durch Bewegung, in frischer Luft, schlechter in Wärme, in Ruhe.

- **Empfohlene Dosierung:** 2 × täglich 1 Gabe

CAVE Grenzen der Selbstmedikation beachten!

8.3 Leberdegeneration

Beschreibung

Degenerative Lebererkrankungen (Hepatosen) werden sehr viel häufiger beobachtet als Leberentzündungen. Sie verlaufen oft ohne großartige Symptomatik und bleiben daher meist lange Zeit unbemerkt.

Ursache

Giftstoffe (giftige Pflanzen, z. B. Jakobskreuzkraut), verdorbenes, verschimmeltes Futter (Pilztoxine, Bakterientoxine), Arzneimittel (z. B. exzessives Entwurmen).

Symptome

Leistungsabfall, gestörtes Allgemeinbefinden, wechselnder Appetit, Müdigkeit, Gewichtsabnahme, Gelbsucht, Verdauungsstörungen, Blähungen, Durchfall, Verstopfung, Kot häufig trocken, fest und kleingeformt, Farbveränderungen von Kot und Urin, Fellveränderungen, gelegentlich zentralnervöse Störungen (Kopfschlagen, Bewegungsstörungen).

Allgemeine Behandlungsmaßnahmen

Ursachen beseitigen (die Aufnahme von Giftstoffen ist abzustellen), gute Futterqualität, Weidesanierung (Giftpflanzen), Absetzen von leberbelastenden Medikamenten, Leberschonkost: gutes Heu und frisches Grünfutter, wenig Eiweiß, kein Kraftfutter.

Therapie

▸ **Carduus marianus D6**

Leberdegeneration, Leberstoffwechselstörungen, akute und chronische Lebererkrankungen, Leberzirrhose, wechselnder Appetit, Verdauungsstörungen, Wechsel zwischen Verstopfung und Durchfall, Blähung, Hepatitis, Gelbsucht, gereizte, ärgerliche, traurige Patienten, fördert Gallesekretion, Leberdrainagemittel.

- **Empfohlene Dosierung:** 2 × täglich 1 Gabe

▸ Flor de piedra D6

Leberdegeneration, akute und chronische Leberstörungen, Folgen von Leberschäden, erheblicher Leistungsabfall, schnell müde und matt, ängstlich, apathisch, schläfrig, sucht Zuwendung, Verdauungsstörungen, Wechsel zwischen Durchfall und Verstopfung, Appetitlosigkeit, Blähsucht, vermehrter Abgang von Darmgasen, Kot hell, gelblich, wässrig, Leberregion druckempfindlich, Gelbsucht, zentralnervöse Symptome, normalisiert die gestörte Leberfunktion.

- **Empfohlene Dosierung:** 2 × täglich 1 Gabe

▸ Lycopodium D12

Leberdegeneration, allgemeine Schwäche der Leberfunktion, **chronische Lebererkrankungen**, meist keine Gelbsucht, Leberregion druckempfindlich, Abmagerung, Schwäche, **Blähungen**, Verstopfung, mangelhafte Verdauungskraft, Appetitlosigkeit, sehr wählerisch, Kot spärlich, trocken, fest, Urin mit rotem Sediment, müde, lustlos, missgelaunt, reizbar, keinen Widerspruch duldend, herrisch, Hepatitis, reguliert Leberstoffwechsel, harmonisiert die Verdauung, besser durch Bewegung, in frischer Luft, schlechter in Wärme, in Ruhe.

- **Empfohlene Dosierung:** 2 × täglich 1 Gabe

8.4 Bewährte Lebermittel

▸ Berberis D6

Leber- und Nierenmittel, Gelbsucht, bei Störungen von Leberfunktion und Gallefluss, Erschöpfung, Schwäche, Folge von Leber- und Nierenerkrankungen, träge Leberfunktion, Haut und Schleimhäute gelblich, empfindlich in der Nierenregion.

- **Empfohlene Dosierung:** 2 × täglich 1 Gabe (ca. 3 Wochen)

▸ Carduus marianus D6

Akute und chronische Lebererkrankungen, Gelbsucht, Verdauungsstörungen, Blähung, Wechsel zwischen Durchfall und Verstopfung, Urin dunkelgelb, Hepatitis, Leberdegeneration, Leberstoffwechselstörungen, Leberzirrhose, Bauchwassersucht, kolikartiger Bauchschmerz, gereizte, ärgerliche, traurige Patienten, fördert Gallesekretion, Leberdrainagemittel.

- **Empfohlene Dosierung:** 2 × täglich 1 Gabe (3–4 Wochen)

▸ Chelidonium D6

Chronische und akute Lebererkrankungen, **Gelbsucht** (fast immer), Leberentzündung, Leberdegeneration, Lebergegend druckempfindlich, müde, langsam, apathisch, traurig, Leistungsabfall, deutliche **Berührungsempfindlichkeit** vor allem im Leberbereich, Verdauungsstörungen, Wechsel zwischen Durchfall und Verstopfung, Kolik, Blähsucht, Kot hell, gelblich, lehmfarben, Urin dunkelbraun, fördert Durchblutung der Leber und Sekretion und Abfluss der Galle, deutliche krampflösende Wirkung auf Bauchraum, reguliert gestörte Leberfunktion, besser nach Fressen, Wärme, Ruhe, schlechter durch Berührung, Bewegung, Wetterwechsel.

- **Empfohlene Dosierung:** 2 × täglich 1 Gabe

▸ Flor de piedra D6

Akute und chronische Leberstörungen, Leberdegeneration, Gelbsucht, erheblicher Leistungsabfall, schnell müde und matt, ängstlich, apathisch, schläfrig, sucht Zuwendung, Verdauungsstörungen, Wechsel zwischen

Durchfall und Verstopfung, Heißhunger und Appetitlosigkeit, Blähsucht, vermehrter Abgang von Darmgasen, Kot hell, gelblich, wässrig, Leberregion druckempfindlich, alles verlangsamt, großer Durst, zentralnervöse Symptome, Folgen von Leberschäden, normalisiert gestörte Leberfunktion.

- **Empfohlene Dosierung:** 2 × täglich 1 Gabe

▸ Lycopodium D12

Leber- und Nierenmittel, **chronische Lebererkrankungen**, Hepatitis, Schwäche der Leberfunktion, Leberdegeneration, meist keine Gelbsucht, Abmagerung, Schwäche, müde, lustlos, missgelaunt, reizbar, keinen Widerspruch duldend, herrisch, Leberregion druckempfindlich, mangelhafte Verdauungskraft, **Blähungen**, Verstopfung, allgemeine Appetitlosigkeit oder Heißhunger – aber satt nach wenigen Bissen, sehr wählerisch, Urin mit rotem Sediment, alle Ausscheidung haben üblen, strengen Geruch, reguliert Leberstoffwechsel, harmonisiert die Verdauung, besser durch Bewegung, in frischer Luft, schlechter in Wärme, in Ruhe.

- **Empfohlene Dosierung:** 2 × täglich 1 Gabe (ca. 3 Wochen)

▸ Nux vomica D6

Reguliert die Leberfunktionen, Leberregion druckempfindlich, Verdauungsbeschwerden, Appetitlosigkeit, perverser Appetit, Verstopfung, Durchfall, Blähung, Gastritis, Krampfkolik, Folgen von Vergiftungen, Folgen von Fütterungsfehlern (Futterwechsel, verdorbenes Futter, unverträgliches Futter), Folgen von Medikamentenmissbrauch, Folgen von Antibiotikaverabreichung, Folgen von unphysiologischer Haltung, nach Narkosen, nach Entwurmung, Überempfindlichkeit gegen Geräusche und Licht, nervöse Reizbarkeit, Aggressivität, Übererregbarkeit, Neigung zur Verkrampfung, Berührungsempfindlichkeit, besser durch Ruhe.

- **Empfohlene Dosierung:** 2 × täglich 1 Gabe

9 Harnapparat

9.1 Blasenentzündung

Beschreibung

Entzündungen der Blasenschleimhaut haben ihre häufigste Ursache in stagnierendem Harnabfluss mit anschließender Infektion.

Ursache

Bakterielle Infektionen, Harnsteine.

Symptome

Häufiges Absetzen kleiner Urinmengen, schmerzhafte Harnentleerung, ggf. Farbveränderungen und Beimengungen (z. B. Blut, Eiter) im Urin mit gestörtem Allgemeinbefinden und erhöhter Temperatur.

Allgemeine Behandlungsmaßnahmen

Anregung der Harnausscheidung, reichliche Wasser- und Flüssigkeitszufuhr, Bekämpfung der Infektion, krampflösende, schmerzlindernde Maßnahmen.

Therapie

▸ **Aconitum D6 = Anfangsmittel**

Plötzliche, akute Blasenentzündung mit **Fieber** und gestörtem Allgemeinbefinden, plötzliche Harnverhaltung, große Unruhe, Ängstlichkeit, Erkältung durch kalten Wind und Zugluft.

- **Empfohlene Dosierung:** 3 × täglich 1 Gabe (1. Tag)

▸ **Apis D6 = Hauptmittel**

Akute und **chronische** Blasenentzündung, brennender, stechender Schmerz beim Wasserlassen, wenig Urin, häufiges Absetzen von kleinen Urinmengen, Harnverhaltung, starke Berührungsempfindlichkeit.

- **Empfohlene Dosierung:** 3 × täglich 1 Gabe

▸ **Cantharis D6 = Hauptmittel**

Akute Blasenentzündung mit heftigem, andauerndem Harndrang, brennendes, schmerzhaftes Urinieren, Harnabgang spärlich, tropfenweise, blutiger Urin möglich, nervös, übererregbar, großer Durst.

- **Empfohlene Dosierung:** akute Entzündung alle 2 Stunden 1 Gabe, sonst 3 × täglich 1 Gabe

▸ **Berberis D6**

Chronische und **subakute** Blasenentzündung, vermehrter Harndrang, schmerzhaftes Urinieren, häufiges Wasserlassen, Harnsteine, Harngries, trübes, rötliches Harnsediment.

- **Empfohlene Dosierung:** 2 × täglich 1 Gabe

9.2 Blasenschwäche

Beschreibung

Blasenschwäche oder Harninkontinenz ist ein sehr seltenes Krankheitsbild.

Ursache

Harnsteine, Blasenentzündung, Entzündungen oder Verletzungen von Nervenstrukturen, die der Blase zugeordnet werden. Bei alten Stuten kann es infolge von hormoneller Dysfunktion zur Harninkontinenz kommen.

Symptome

Unkontrollierter Harnabgang, Harnträufeln.

Allgemeine Behandlungsmaßnahmen

Abstellen der Ursache.

Therapie

▸ **Cantharis D6**

Harninkontinenz bei **Blasenentzündung**, andauerndem Harndrang, brennendes, schmerzhaftes Urinieren, Harnabgang spärlich, tropfenweise, blutiger Urin möglich, großer Durst.

- **Empfohlene Dosierung:** 3 × täglich 1 Gabe

▸ **Causticum D30**

Unwillkürlicher Harnabgang bei Aufregung, Kummer und nachlassender Nervenkraft (Alter!), Blasenschwäche nach Operation und Geburt, häufiger Harndrang mit Harnträufeln, Blasenentzündung, Harnverhaltung, Blasenlähmung, Verlust des Empfindungsvermögens für Urinabgang, große Schwäche, lähmige Schwäche, lähmungsartige Zustände in allen Körperbereichen.

- **Empfohlene Dosierung:** 1 × täglich 1 Gabe

▸ **Gelsemium D30**

Unwillkürlicher Harnabgang bei Aufregung und Schreck, reichliche Mengen farblosen Urins werden unwillkürlich entleert, Lähmung verschiedener Muskelgruppen, nervöse, sehr sensible Tiere, **zartes Nervenkostüm**, Schwäche und Erschöpfung, wetterfühlig.

- **Empfohlene Dosierung:** 1 × täglich 1 Gabe

▸ **Hypericum D200**

Blasenschwäche durch **Quetschung oder Verletzung von Nervenstrukturen**, welche die Blase versorgen (Operation, Geburt, Trauma).

- **Empfohlene Dosierung:** 1× täglich 1 Gabe (1–3 × täglich bei akutem Trauma)

▸ **Sepia D30**

Hormonelle Fehlregulation, mangelhafte Eierstockfunktion, Harninkontinenz, unwillkürlicher Harnabgang, häufiger Harnabsatz, Urin übelriechend, **ältere** Tiere, reizbare, **launische, schwierige** Charaktere, Bindegewebsschwäche, Gebärmuttersenkung, Schwäche, Erschöpfung.

- **Empfohlene Dosierung:** 1 × täglich 1 Gabe

9.3 Nierenentzündung

Beschreibung

Die Entzündung des Nierengewebes (Glomerulonephritis) findet man seltener, als die Nierenbeckenentzündung. Besonders gefährdet sind Fohlen mit Frühlähme und Drusepatienten, bei denen Bakterien von den primären Infektionsherden in die Nieren absiedeln können und dort zur Entzündung führen. Die Krankheit bleibt häufig lange unbemerkt und wird daher meist erst spät erkannt.

Ursache

Bakterielle Infektion (Actinobacillus/Fohlenlähme, Streptokokken/Druse).

Symptome

Eiweiß im Urin (evt. auch Blut), **verminderte Harnausscheidung**, Abmagerung, meist nur geringe Allgemeinstörungen, Fieber nur im akuten Infektionsschub, klammer, steifer Gang, gekrümmter Rücken, Harnabsatzbeschwerden, druckempfindliche, schmerzhafte, geschwollene Nierengegend, gelegentlich kolikartiger Schmerz, Ödeme, vermehrter Durst.

Allgemeine Behandlungsmaßnahmen

Boxenruhe, Nierendiät (eiweißarmes, leicht verdauliches Futter), freier Zugang zu frischem Wasser, bei chronischer Nierenentzündung lokale Wärmeanwendungen im Nierenbereich.

Die akute fieberhafte Nierenentzündung gehört in die Hände eines Tierarztes!

Therapie

▸ **Apis D6 = Hauptmittel**

Akute und **chronische** Nierenentzündung, Schwellung und starke Berührungsempfindlichkeit in der Nierengegend, Ödeme.

- **Empfohlene Dosierung:** 3 × täglich 1 Gabe

▸ **Cantharis D6 = Hauptmittel**

Akute Nierenentzündung mit heftigem, andauerndem Harndrang, Harnabgang spärlich, tropfenweise, Blut im Urin, nervös, übererregbar, großer Durst.

- **Empfohlene Dosierung:** 3 × täglich 1 Gabe

▸ **Arsenicum album D30**

Chronische Nierenentzündung, Urin spärlich, Eiweiß und Blut im Urin, Durst auf kleine Mengen Wasser, Unruhe, Abmagerung, Schwäche, Erschöpfung, Ängstlichkeit, Ödeme.

- **Empfohlene Dosierung:** 1 × täglich 1 Gabe

▸ **Belladonna D6**

Akute Nierenentzündung, Blut im Urin, spärliche Urinmengen, Harnabsatzbeschwerden, akute, heftige Entzündung, berührungsempfindlich, große Schmerzhaftigkeit, alle Beschwerden kommen plötzlich, sind heftig, heiß, klopfend und pulsierend, Erregung und Unruhe, Pupillen weitgestellt, Belladonna ist ein sehr bewährtes Mittel für akute, fieberhafte Infekte; Beschwerden: schlechter durch Berührung, Bewegung und Erschütterung.

- **Empfohlene Dosierung:** 3 × täglich 1 Gabe

▸ **Berberis D6**

Chronische und **subakute** Nierenentzündung, schmerzhafte Nierengegend, vermehrter Harndrang, häufiges Urinieren, trübes, rötliches Harnsediment.

- **Empfohlene Dosierung:** 2 × täglich 1 Gabe

▸ **Lachesis D30**

Akute, fieberhafte Entzündungen mit starker Beeinträchtigung des Allgemeinbefindens (**Blutvergiftung, Sepsis**), Lachesis ist oft bei bakteriellen Infekten und akut fieberhafter Komplikation eines Krankheitsgeschehens angezeigt, akute und **chronische** Nierenentzündung, berührungsempfindlich.

- **Empfohlene Dosierung:** 1–2 × täglich 1 Gabe

CAVE Grenzen der Selbstmedikation beachten!

9.4 Nierenbeckenentzündung

Beschreibung

Die Nierenbeckenentzündung (Pyelonephritis) bleibt häufig lange unbemerkt und wird daher meist erst spät erkannt. Der Krankheitsverlauf ist langsam und chronisch. Selten kommt es zum akuten Krankheitsverlauf mit stark gestörtem Allgemeinbefinden.

Ursache

Bakterielle Infektion, als Ergebnis einer meist aufsteigenden Harnwegsinfektion. Begünstigend wirken Harnabflussstörungen durch Entzündungen der Harnwege, Harnsteine oder nervenbedingte Harnentleerungsstörungen.

Symptome

Klammer, steifer Gang, gekrümmter Rücken, Harnabsatzbeschwerden, druckempfindliche, schmerzhafte, geschwollene Nierengegend, Blut und/oder Eiter im Urin, gelegentlich kolikartiger Schmerz und Fieber mit gestörtem Allgemeinbefinden, Ödeme.

Allgemeine Behandlungsmaßnahmen

Beseitigung der Ursache, Boxenruhe, Nierendiät (eiweißarmes, leicht verdauliches Futter).

Die akute, fieberhafte Nierenbeckenentzündung gehört in die Hände eines Tierarztes!

Therapie

▸ **Apis D6 = Hauptmittel**

Akute und **chronische** Nierenbeckenentzündung, Schwellung und starke Berührungsempfindlichkeit in der Nierengegend, Ödeme.

- **Empfohlene Dosierung:** 3 × täglich 1 Gabe

▸ **Cantharis D6 = Hauptmittel**

Akute Nierenbeckenentzündung mit heftigem, andauerndem Harndrang, Harnabgang spärlich, tropfenweise, Blut im Urin, nervös, übererregbar, großer Durst.

- **Empfohlene Dosierung:** 3 × täglich 1 Gabe

▸ **Lachesis D30 = Hauptmittel**

Akute, fieberhafte Entzündungen mit starker Beeinträchtigung des Allgemeinbefindens (Blutvergiftung, Sepsis), Lachesis ist oft bei bakteriellen Infekten und akut fieberhafter Komplikation eines Krankheitsgeschehens angezeigt, akute und chronische Nierenbeckenentzündung, berührungsempfindlich.

- **Empfohlene Dosierung:** 1–2 × täglich 1 Gabe

▸ **Belladonna D6**

Akute Nierenbeckenentzündung, Blut im Urin, spärliche Urinmengen, Harnabsatzbeschwerden, akute, heftige Entzündung, berührungsempfindlich, große Schmerzhaftigkeit, alle Beschwerden kommen plötzlich, sind heftig, heiß, klopfend und pulsierend, Erregung und Unruhe, Pupillen weitgestellt, Belladonna ist ein sehr bewährtes Mittel für akute, fieberhafte Infekte. Beschwerden werden schlechter durch Berührung, Bewegung und Erschütterung.

- **Empfohlene Dosierung:** 3 × täglich 1 Gabe

▸ **Berberis D6**

Chronische und **subakute** Nierenbeckenentzündung, schmerzhafte Nieren- und Kreuzbeingegend, vermehrter Harndrang, häufiges Urinieren, trübes, rötliches Harnsediment, Harnsteine, Harngries.

- **Empfohlene Dosierung:** 2 × täglich 1 Gabe

CAVE Grenzen der Selbstmedikation beachten!

9.5 Harnsteine

Beschreibung

Harnsteine findet man vorwiegend in der Blase und in der Harnröhre. Die chemische Zusammensetzung der Steine ist unterschiedlich. Beim Pferd ist dies ein eher seltenes Krankheitsbild, das sich unbemerkt entwickelt, aber wenn vorhanden, dann meist sehr unangenehm ist. Wallache erkranken häufiger an Harnsteinen als Hengst oder Stute.

Ursache

Begünstigende Faktoren für Stein- oder Griesbildung sind: Harnwegsinfekte, Harnstau, pH-Wert-Veränderungen des Urins, hochkonzentrierter Urin, ungenügende Flüssigkeitszufuhr. Häufig steckt eine gestörte Leberfunktion als Ursache dahinter.

Symptome

Harnabsatzbeschwerden, gekrümmter Rücken, breitbeiniges Urinieren, Harndrang ohne Harnabsatz, schmerzhaftes Urinieren, starkes Pressen, tröpfelnder Harnabgang, Blut im Urin, gespreizter Gang, klammer Gang, Blasenentzündung, ggf. Koliksymptome. Im Extremfall kommt es bei verlegter Harnröhre (männliche Tiere!) zur akuten Harnverhaltung. Harnsteine sind oft Zufallsbefunde (Röntgen) ohne irgendwelche Symptome.

Allgemeine Behandlungsmaßnahmen

Beseitigung der Harnabflussblockade, krampflösende, schmerzlindernde Maßnahmen, Bekämpfung der Harnwegsinfektion, Einstellung des Harn-pH-Werts, Anregung der Harnausscheidung, reichliche Flüssigkeitszufuhr. Bei Harnverhaltung oder verlegter Harnröhre ist unbedingt tierärztliche Versorgung nötig!

Therapie

▸ **Berberis D6**

Harnsteine, Harngries, vermehrter Harndrang, schmerzhaftes Urinieren, häufiges Wasserlassen, trübes, rötliches Harnsediment, chronische und subakute Blasenentzündung, empfindliche Nierenregion, Leber und Nierenmittel.

- **Empfohlene Dosierung:** 2 × täglich 1 Gabe

▸ **Lycopodium D12**

Harngries und Harnsteine, schmerzhaftes Urinieren, Harnverhaltung, mühsames Wasserlassen, Urin mit rotem Sediment, alle Ausscheidung haben üblen, strengen Geruch, reguliert Leberstoffwechsel, chronische Lebererkrankung, Schwäche der Leberfunktion, Leber- und Nierenmittel.

- **Empfohlene Dosierung:** 2 × täglich 1 Gabe

▸ **Sabal serrulatum D6**

Ständiger Harndrang bei Harngries und Blasenentzündung, Harnverhaltung, schmerzhaftes Wasserlassen, Harntröpfeln, Harnröhre wie verengt, Harninkontinenz, entkrampft Blase und Harnröhre.

- **Empfohlene Dosierung:** 3 × täglich 1 Gabe

▸ **Terebinthina D6**

Harngries, andauernder Harndrang, schmerzhaftes Urinieren, blutiger Urin, Harnröhrenentzündung, Nierenentzündung.

- **Empfohlene Dosierung:** 2 × täglich 1 Gabe

CAVE Grenzen der Selbstmedikation beachten!

9.6 Blutiger Urin

Beschreibung

Beim Bluthharnen kommt es zum Ausscheiden von Blut mit dem Harn. Der Harn färbt sich je nach Blutmenge rötlich bis bräunlich.

Ursache

Verletzungen im Nieren- oder Harnwegsbereich, allgemeine Blutungsneigung, Harnsteine, Nierenbeckenentzündung, Blasenentzündung, Tumoren im Harnwegsapparat.

Allgemeine Behandlungsmaßnahmen

Bekämpfung der Ursache, Boxenruhe, blutstillende Maßnahmen.
Die Ursache von Blut im Urin sollte tierärztlich abgeklärt werden!

Therapie

▸ **Arnika D30**

Hauptmittel bei **Verletzungen** aller Art, kann **sofort** nach jeder Art von Trauma gegeben werden, lindert Schmerzen, fördert Blutstillung, verbessert Wundheilung, beugt Schockzuständen vor, schlechter durch Bewegung und Erschütterung, besser durch Ruhe.

- **Empfohlene Dosierung:** 1 × täglich 1 Gabe, im akuten Fall alle 3 Stunden 1 Gabe (3 × baldmöglichst nach Traumatisierung)

▸ **Belladonna D6**

Blut im Urin **ohne pathologischen Befund**, häufiges, reichliches Urinieren, Erregung und Unruhe, akute Nieren- oder Nierenbeckenentzündung.

- **Empfohlene Dosierung:** 3 × täglich 1 Gabe

▸ **Cantharis D6**

Blutiger Urin bei **akuten Nieren- und Blasenentzündungen** mit heftigem, andauerndem Harndrang, brennendes, schmerzhaftes Urinieren, Harnabgang spärlich, tropfenweise, großer Durst.

- **Empfohlene Dosierung:** 3 × täglich 1 Gabe

▸ Hamamelis D4

Dunkles Blut im Urin mit verstärktem Harndrang, **Blutungen dunkel**, venös.

- **Empfohlene Dosierung:** akute Blutung, alle 15 Minuten 1 Gabe, sonst 3 × täglich 1 Gabe.

▸ Millefolium D4

Blut im Urin, **Nierenblutung**, **Blutungen hellrot,** reichlich, allgemeine Blutungsneigung, bei Blutungen jeglichen Ursprungs, Blutungen aus allen Organen, Blutungen nach Anstrengung und Verletzung.

- **Empfohlene Dosierung:** akute Blutung, alle 15 Minuten 1 Gabe, sonst 3 × täglich 1 Gabe.

CAVE Grenzen der Selbstmedikation beachten!

10 Fortpflanzungsorgane

10.1 Scheidenentzündung

Beschreibung

Scheidenentzündungen (Vaginitis) kommen isoliert oder häufig zusammen mit Gebärmutterschleimhautentzündungen vor. Betroffen sind vor allem Stuten mit mehreren Geburten und ältere Tiere mit Bindegewebsschwäche.

Ursache

Bakterielle Infektion (Streptokokken), virale Infektion, unzureichender Schluss der Schamlippen (Gewebsschwäche), Folgekomplikation nach Deckakt (Hygiene), Folge nach Scheidenverletzungen bei Schwergeburt.

Symptome

Scheidenausfluss schleimig, eitrig, grau-gelb, Scheidenschleimhaut gerötet, geschwollen, Juckreiz, eventuell Bläschenausschlag, gelegentlich Harnabsatzbeschwerden.

Allgemeine Behandlungsmaßnahmen

Beseitigung der Ursache, Deckhygiene, Harnabsatz ist sicherzustellen. Ein unzureichender Schluss der Schamlippen, ebenso wie Scheidenverletzungen, müssen operativ korrigiert werden.
Bei Scheidenentzündungen (Bläschenausschlag!) mit fieberhafter Allgemeinerkrankung ist der Tierarzt hinzuzuziehen!

Therapie

▸ **Belladonna D6**

Akute Scheidenentzündung mit Fieber und gestörtem Allgemeinbefinden, berührungsempfindlich, alle Beschwerden kommen plötzlich, sind heftig, heiß, klopfend und pulsierend, Erregung und Unruhe, Pupillen weitgestellt. Belladonna ist ein sehr bewährtes Mittel für akute, fieberhafte Entzündungen.

- **Empfohlene Dosierung:** 3–6 × täglich 1 Gabe

▸ **Hepar sulfuris D30**

Chronische Scheidenentzündung, Ausfluss schleimig, **eitrig**, chronische Entzündungen der Schleimhäute mit Neigung zur Eiterung, fördert bei fortgeschrittenen, eitrigen Entzündungen Resorption und Ausheilung.

- **Empfohlene Dosierung:** 1 × täglich 1 Gabe

▸ **Hydrastis D30**

Chronische Scheidenentzündung, Ausfluss dick, gelb, fadenziehend, magere Patienten, große Schwäche.

- **Empfohlene Dosierung:** 1 × täglich 1 Gabe

▸ **Mercurius solubilis D12**

Akute und **chronische** Scheidenentzündung mit Neigung zur Eiterung, weißlich, gelbe, eitrige Schleimhautbeläge, geschwürartige Schleimhautveränderungen.

- **Empfohlene Dosierung:** 2 × täglich 1 Gabe

▸ **Pulsatilla D30**

Chronische Scheidenentzündung, Ausfluss mild, rahmig, dick, gelb, grünlich.

- **Empfohlene Dosierung:** 1 × täglich 1 Gabe

10.2 Gebärmutterschleimhautentzündung

Beschreibung

Gebärmutterschleimhautentzündungen (Endometritis) entwickeln sich vorzugsweise als aufsteigende Infektionen über Scheide und Gebärmuttermund. Sie sind häufig charakterisiert durch Scheidenausfluss und Fruchtbarkeitsprobleme.

Ursache

Bakterielle Infektion (Streptokokken), Hefe- und Schimmelpilzinfektionen, mangelhafte Funktion der Eierstöcke mit hormoneller Fehlregulation, Folgekomplikation nach Abort, Schwergeburt, einer gestörten Nachgeburtsphase, nach Deckakt (Hygiene), künstlicher Besamung und auch nach gynäkologischer Untersuchung, unzureichender Schluss der Schamlippen (Gewebsschwäche).

Symptome

Die Symptome können sehr stark variieren. **Scheidenausfluss**, permanent, schubweise, gar nicht vorhanden, wässrig, schleimig, weißlich, grau, eitrig, schokoladenbraun, häufig ungestörtes Allgemeinbefinden, im akuten Fall auch Fieber und gestörtes Allgemeinbefinden, gelegentlich Euterschwellung und Harnabsatzbeschwerden, in chronischen Fällen Abmagerung, stumpfes Fell und Leistungsabfall, Unfruchtbarkeit. Die Zyklusbefunde können sehr stark variieren: normaler Zyklus und Rosse, Brunstlosigkeit, unregelmäßiger Zyklus, Dauerrosse.

Allgemeine Behandlungsmaßnahmen

Beseitigung der Ursache, Hygiene (Deckakt, künstliche Besamung, gynäkologische Untersuchung). Bei akut fieberhaften Gebärmutterentzündungen oder seuchenhaftem Auftreten von Gebärmutterentzündungen ist der Tierarzt zu verständigen.

Therapie

▸ **Lachesis D8 = Hauptmittel**

Gebärmutterschleimhautentzündung nach Geburt, Abort oder Nachgeburtsverhaltung, **akut fieberhafte** Entzündungen mit starker Beeinträchtigung des Allgemeinbefindens und **Blutvergiftung (Sepsis)**, Ausfluss stinkend, dünnflüssig, blutig, eitrig mit Gewebsfetzen, Berührungsempfindlichkeit. Bewährt in Kombination mit Pyrogenium D15 (nach Wolter).

- **Empfohlene Dosierung:** 3 × täglich 1 Gabe

▸ **Pulsatilla D30 = Hauptmittel**

Chronische Gebärmutterschleimhautentzündung, Ausfluss mild, rahmig, dick, gelb, grünlich, wenig ausgeprägte Rosse, mangelhafte Eierstockfunktion.

- **Empfohlene Dosierung:** 1 × täglich 1 Gabe

▸ **Sabina D6 = Hauptmittel**

Akute Gebärmutterschleimhautentzündung **nach Geburt, Abort oder Nachgeburtsverhaltung**, Scheidenausfluss stinkend, wundmachend, eitrig, Gebärmutterblutungen, beschleunigt und unterstützt den Reinigungsfluss (Lochialfluss) und die Rückbildung der Gebärmutter, fördert das Abstoßen der Nachgeburt.

- **Empfohlene Dosierung:** 3 × täglich 1 Gabe

▸ **Sepia D30 = Hauptmittel**

Chronische Gebärmutterschleimhautentzündung, Ausfluss gelblich, grünlich, **ältere** Tiere, ausbleibende oder schwache, wenig ausgeprägte Rosse, mangelhafte Eierstockfunktion, Bindegewebsschwäche (Gebärmuttersenkung), oft reizbare, widersetzliche Tiere.

- **Empfohlene Dosierung:** 1 × täglich 1 Gabe

▸ **Aurum D30**

Chronische Gebärmutterschleimhautentzündung, mangelhafte Eierstockfunktion (häufig Eierstockzysten) mit **hormoneller Fehlregulation**, Ausfluss weißlich, eitrig, oft aggressive Tiere.

- **Empfohlene Dosierung:** 1 × täglich 1 Gabe

▸ **Belladonna D6**

Akute, hoch fieberhafte Gebärmutterschleimhautentzündung mit stark gestörtem Allgemeinbefinden, berührungsempfindlich, alle Beschwerden kommen plötzlich, sind heftig, heiß, klopfend und pulsierend, Erregung und Unruhe, Pupillen weitgestellt. Belladonna ist ein sehr bewährtes Mittel für akute, fieberhafte Entzündungen.

- **Empfohlene Dosierung:** 3–6 × täglich 1 Gabe

▸ **Hepar sulfuris D30**

Chronische Gebärmutterschleimhautentzündung, Ausfluss schleimig, **eitrig,** chronische Entzündungen der Schleimhäute mit Neigung zur Eiterung, fördert bei fortgeschrittenen, eitrigen Entzündungen Resorption und Ausheilung.

- **Empfohlene Dosierung:** 1 × täglich 1 Gabe

▸ **Hydrastis D30**

Chronische Gebärmutterschleimhautentzündung, Ausfluss dick, gelb, fadenziehend, magere Patienten, große Schwäche.

- **Empfohlene Dosierung:** 1 × täglich 1 Gabe

▸ **Pyrogenium D15**

Gebärmutterschleimhautentzündung nach Geburt, Abort oder Nachgeburtsverhaltung, Entzündungsprozesse mit Gewebszerfall, Sekrete und **Absonderungen aasartig stinkend**, Blutvergiftung (Sepsis) mit starker Unruhe und Fieber. Bewährt in Kombination mit Lachesis D8 (nach Wolter).

- **Empfohlene Dosierung:** 3 × täglich 1 Gabe

10.3 Eierstockzysten

Beschreibung

Eierstockzysten (Follikelzysten) entstehen durch hormonelle Fehlsteuerungen bei der Follikelanbildung. Die Follikel reifen heran, ohne dass es zum Eisprung kommt. Die Diagnose Eierstockzyste bei der Stute wird jedoch kontrovers diskutiert. Manche Autoren bezeichnen sie auch als prätumoröse Veränderungen.

Ursache

Hormonelle Fehlsteuerung, mangelhafte Fütterung und Haltung, allgemeine Krankheitszustände, Leistungsüberforderung, genetische Faktoren.

Symptome

Eierstockzysten blockieren den Eierstockzyklus. Sie können sehr unterschiedliche Symptome hervorrufen: Brunstlosigkeit, unregelmäßige Rosse, Dauerrosse, Nymphomanie, mehr oder weniger starke Verhaltensauffälligkeiten (s. unter Nymphomanie, ▸ Kap. 10.5).

Allgemeine Behandlungsmaßnahmen

Beseitigung der Ursache, Optimierung von Haltung und Fütterung.

Therapie

▸ **Apis D6 = Hauptmittel**

Eierstockzysten („Rechtsmittel"), übersteigerter Geschlechtstrieb, geschwollene Schamlippen.

- **Empfohlene Dosierung:** 2 × täglich 1 Gabe (2–3 Wochen)

▸ **Aurum D30**

Eierstockzysten, Fruchtbarkeitsprobleme, mangelhafte Eierstockfunktion, **ältere** Tiere, **unberechenbare, aggressive** Charaktere.

- **Empfohlene Dosierung:** 1 × täglich 1 Gabe (2–3 Wochen)

▶ **Lachesis D30**
Eierstockzysten („Linksmittel"), Fruchtbarkeitsprobleme, übersteigerte sexuelle Erregbarkeit, ältere, argwöhnische, dominante Tiere, Eifersucht, Aggression.

- **Empfohlene Dosierung:** 1 × täglich 1 Gabe (3 Wochen)

▶ **Lilium tigrinum D30**
Eierstockzysten, nervöse, reizbare, ruhelose Tiere, Gebärmuttersenkung, häufiger Harn- und Kotdrang.

- **Empfohlene Dosierung:** 1 × täglich 1 Gabe (3 Wochen)

▶ **Pulsatilla D30**
Eierstockzysten, mangelhafte Eierstockfunktion, fehlender Eisprung, hormonelle Fehlregulation, Rosse zu schwach, ausbleibend, **jüngere** Tiere, **gutmütige**, umgängliche Tiere.

- **Empfohlene Dosierung:** 1 × täglich 1 Gabe (3 Wochen)

▶ **Sepia D30**
Eierstockzysten, mangelhafte Eierstockfunktion, fehlender Eisprung, hormonelle Fehlregulation, Rosse, zu schwach, zu kurz, fehlende Rosse, **ältere** Tiere, reizbare, **launische, schwierige** Charaktere, Bindegewebsschwäche, Gebärmuttersenkung, Schwäche, Erschöpfung.

- **Empfohlene Dosierung:** 1 × täglich 1 Gabe (3 Wochen)

10.4 Brunstlosigkeit

Beschreibung

Unter dem Begriff Brunstlosigkeit versteht man das Ausbleiben von Rosseerscheinungen. Man unterscheidet hierbei die Azyklie, bei der kein Zyklus am Eierstock abläuft, und die sogenannte stille Brunst, mit ungenügenden Rosseerscheinungen und Eierstockaktivitäten.

Ursache

Unterentwickelte Eierstöcke, inaktive Eierstöcke, ungenügende Follikelanbildung, persistierende Gelbkörper, Eierstocktumoren (Granulosazelltumoren), chronische Gebärmuttererkrankungen, allgemeine Schwäche und Erschöpfung und Krankheitszustände, Mängel im Bereich Fütterung, Haltung, Aufstallung, Licht und Luft, körperliche Überforderung (hartes Training), Stress.

Symptome

Ausbleiben der Rosseerscheinungen, Stuten scheinen am Hengst nicht interessiert zu sein.

Allgemeine Behandlungsmaßnahmen

Beseitigung der Ursache, Optimierung von Haltung und Fütterung (Vitamine, **Betacarotin!**), Weidegang, Licht, Luft, Sonne, Verbesserung der allgemeinen körperlichen Verfassung der Stute, die Stimulation durch den Hengst wirkt positiv auf das Zyklusgeschehen.

Eierstöcke und Gebärmutter sollten vom Tierarzt untersucht und ggf. tierärztlich versorgt werden (persistierender Gelbkörper, Eierstocktumoren)!

Therapie

▸ Agnus castus D6

Fruchtbarkeitsstörung, Ausbleiben der Rosse, wenig ausgeprägte Rosse, hormonelle Fehlregulation, persistierender Gelbkörper, Eierstockzysten, mangelnder oder übersteigerter Geschlechtstrieb, sexuelle Schwäche, reguliert den Sexualhormonhaushalt, Milchmangel.

- **Empfohlene Dosierung:** 3 × täglich 1 Gabe

▸ Pulsatilla D30

Rosse zu schwach, ausbleibend, **jüngere** Tiere, mangelhafte Eierstockfunktion, hormonelle Fehlregulation, **gutmütige**, umgängliche Tiere.

- **Empfohlene Dosierung:** 1 × täglich 1 Gabe

▸ Sepia D30

Rosse zu schwach, zu kurz, fehlende Rosse, **ältere** Tiere, reizbare, **launische, schwierige** Charaktere, Bindegewebsschwäche, Gebärmuttersenkung, hormonelle Fehlregulation, Eierstockzysten, mangelhafte Eierstockfunktion, Schwäche, Erschöpfung.

- **Empfohlene Dosierung:** 1 × täglich 1 Gabe

10.5 Nymphomanie

Beschreibung
Nymphomanie bei der Stute ist gekennzeichnet durch eine deutliche sexuelle Übererregbarkeit mit entsprechenden Verhaltensauffälligkeiten.

Ursache
Störung des Sexualhormonhaushalts, Eierstockzysten, Eierstocktumoren, Gebärmutterentzündungen. Häufig findet man jedoch normale zyklische Tätigkeiten der Eierstöcke ohne feststellbare, krankhafte Veränderungen.

Symptome
Symptome einer Dauerrosse, häufiger Harnabsatz, Harn abspritzen, „Blitzen", launisches, zickiges, hypernervöses Verhalten, Widerspenstigkeit, Reizbarkeit, Aggressivität, starke Berührungsempfindlichkeit, übersteigerter Geschlechtstrieb, hengstisches Verhalten.

Allgemeine Behandlungsmaßnahmen
Ursache beseitigen.
In jedem Fall sollten Eierstöcke und Gebärmutter von einem Tierarzt untersucht werden!

Therapie
- **Lachesis D200 = Hauptmittel**

Übersteigerte sexuelle Erregbarkeit, eifersüchtige, argwöhnische, dominante Tiere, Aggression, Konstitutionsmittel.

- **Empfohlene Dosierung:** 1 × wöchentlich 1 Gabe

- **Platinum D200 = Hauptmittel**

Nymphomanie, übersteigerter Geschlechtstrieb, arrogant, stolz, aggressiv, rascher Stimmungswechsel, Hysterie, Bösartigkeit.

- **Empfohlene Dosierung:** 1 × wöchentlich 1 Gabe

▸ **Cantharis D30**

Nymphomanie, heftige Erregung, übersteigerter Geschlechtstrieb, Überempfindlichkeit aller Körperteile, gereizt, dauernder Harndrang, tropfenweiser Abgang.

- **Empfohlene Dosierung:** 1 × täglich 1 Gabe

▸ **Hyoscyamus D200**

Übersteigerte sexuelle Erregbarkeit, Hysterie, Eifersucht, große Ruhelosigkeit, Aggression, Konstitutionsmittel.

- **Empfohlene Dosierung:** 1 × wöchentlich 1 Gabe

▸ **Lilium tigrinum D30**

Nymphomanie, nervöse, reizbare, ruhelose Tiere, Gebärmuttersenkung, häufiger Harn- und Kotdrang.

- **Empfohlene Dosierung:** 1 × täglich 1 Gabe

▸ **Murex purpurea D30**

Nymphomanie, leicht erregbarer Geschlechtstrieb, nervöse, ängstliche Charaktere, Eifersucht, Schwäche, Gebärmuttersenkung.

- **Empfohlene Dosierung:** 1 × täglich 1 Gabe

▸ **Origanum D30**

Nymphomanie, starke sexuelle Erregung, große Ruhelosigkeit, Hysterie.

- **Empfohlene Dosierung:** 1 × täglich 1 Gabe

10.6 Hypersexualität

Beschreibung

Übermäßiger Geschlechtstrieb wird gelegentlich auch beim Hengst beobachtet.

Ursache

Gestörter Sexualhormonhaushalt, genetische Veranlagung.

Symptome

Geschlechtliche Übererregbarkeit, rücksichtsloses oder übertrieben heftiges Deckverhalten.

Therapie

- **Cantharis D30**

Heftige Erregung, übersteigerter Geschlechtstrieb, Überempfindlichkeit aller Körperteile, gereizt, dauernder Harndrang, tropfenweiser Abgang.

- **Empfohlene Dosierung:** 1 × täglich 1 Gabe

- **Origanum D30**

Übermäßiger Geschlechtstrieb, starke sexuelle Erregung, große Ruhelosigkeit, Hysterie.

- **Empfohlene Dosierung:** 1 × täglich 1 Gabe

- **Platinum D200**

Übersteigerter Geschlechtstrieb, übertriebenes Imponiergehabe, arrogant, stolz, aggressiv, rascher Stimmungswechsel, Bösartigkeit.

- **Empfohlene Dosierung:** 1 × wöchentlich 1 Gabe

- **Tarantula hispanica D30**

Starke sexuelle Erregung, große Unruhe – muss dauernd in Bewegung sein, Überempfindlichkeit der Sinnesorgane (Geräusche, Licht), Hysterie.

- **Empfohlene Dosierung:** 1 × täglich 1 Gabe

10.7 Geburtsvorbereitung

Der Einsatz homöopathischer Mittel vor der Geburt dient der Vorbereitung der weichen Geburtswege (Lockerung der Bänder und Gewebe), eines optimalen Geburtsablaufs (Öffnungs- und Austreibungsphase) und der Vorbeugung gegen Komplikationen in der Nachgeburtsphase. Sinnvoll ist dies vor allem bei Erstgebärenden sowie bei Tieren, bei denen möglicherweise Schwierigkeiten zu erwarten sind (Nachgeburtsverhaltung/Schwierigkeiten bei der letzten Geburt).

Therapie

▸ **Caulophyllum D30 = Hauptmittel**

Erleichtert die Geburt, fördert die Vorbereitung der weichen Geburtswege (Erweichung und Lockerung), rigide Zervix, reguliert Wehentätigkeit (Wehenschwäche und Krampfwehen), spezifische Wirkung auf die Gebärmuttermuskulatur. Kann gut mit Pulsatilla kombiniert werden!

- **Empfohlene Dosierung:** 1 × täglich 1 Gabe (ab 1 Woche vor Termin) und bei der Geburt

▸ **Pulsatilla D30 = Hauptmittel**

Erleichtert die Geburt, Vorbereitung der weichen Geburtswege (Lockerung der Bänder und Gewebe), harmonisiert Unruhe, Aufgeregtheit und Angst (bewährt bei **Erstgebärenden** und **Jungtieren**), reguliert Wehenschwäche.

- **Empfohlene Dosierung:** 1 × täglich 1 Gabe (ab 3 Wochen vor Termin) und bei der Geburt

▸ **Arnika D30**

Beugt Geburtskomplikationen vor, wie Schmerzen, Blutungen, mangelhafte Rückbildung der Gebärmutter.

- **Empfohlene Dosierung:** 1 × täglich 1 Gabe (ab 3 Tage vor Geburt)

10.8 Geburtsnachsorge

In der Nachgeburtsphase kann man sehr gut mit homöopathischen Mitteln den Reinigungsfluss und die Rückbildungsprozesse der Gebärmutter unterstützen und somit zu einer schnellen, komplikationslosen Regeneration des Organs beitragen.

Therapie

▸ **Sabina D6 = Hauptmittel**

Beschleunigt und unterstützt den Reinigungsfluss (Lochialfluss) und die Rückbildung der Gebärmutter, fördert das Abstoßen der Nachgeburt, Scheidenausfluss, starke Nachwehen, Gebärmutterblutungen, Nachgeburtsverhaltung, Gebärmutterschleimhautentzündung.

- **Empfohlene Dosierung:** 3 × täglich 1 Gabe

10.9 Verletzungen bei der Geburt

Treten bei der Geburt größere Verletzungen oder starke Blutungen auf, ist schnelle tierärztliche Hilfe erforderlich!
Kleinere Verletzungen und die Nachversorgung größerer Schäden sind homöopathisch hingegen sehr gut zu leisten.

Therapie

▸ **Arnika D30 = Hauptmittel**

Hauptmittel bei Verletzungen aller Art, Folgen von Verletzung und Überanstrengung, kann **sofort** nach jeder Art von Gewebsverletzung gegeben werden, Bluterguss, lindert Schmerzen, fördert Blutstillung, verbessert Wundheilung, beugt Schockzuständen vor, vor jeder Operation; Beschwerden: schlechter durch Bewegung, Berührung und Erschütterung, besser durch Ruhe.

- **Empfohlene Dosierung:** akut 3 × täglich 1 Gabe (3 Tage lang), dann 1 × täglich 1 Gabe

▸ **Hypericum D6 = Hauptmittel**

Verletzungen aller Art, das große Mittel für **Nervenverletzungen** (Arnika der Nerven), Quetschung und Verletzung von nervenreichem Gewebe, **sehr schmerzhafte Verletzungen**, offene und stumpfe Verletzungen.

- **Empfohlene Dosierung:** 3 × täglich 1 Gabe, im akuten Fall alle 2 Stunden 1 Gabe

▸ **Calendula D30**

Gewebszerreißungen, Gewebsverlust, starke Schmerzhaftigkeit, bei allen Fällen von Gewebsverlust, wenn die Adaption der Wundränder nicht erreicht werden kann.

- **Empfohlene Dosierung:** akut 3 × täglich 1 Gabe, dann 1 × täglich 1 Gabe

▸ **Hamamelis D4**

Blutungen, **dunkel**, venös, langsam, gleichmäßig fließend, Bluterguss.

- **Empfohlene Dosierung:** 3 × täglich 1 Gabe, im akuten Fall alle 15 Minuten 1 Gabe

▸ **Millefolium D4**

Blutungen hellrot, reichlich, Blutungen jeglicher Ursache, Blutungen nach Anstrengung, Verletzung oder Operation.

- **Empfohlene Dosierung:** 3 × täglich 1 Gabe, im akuten Fall alle 15 Minuten 1 Gabe

CAVE Grenzen der Selbstmedikation beachten!

10.10 Nachgeburtsverhaltung

Beschreibung

Bei der Stute ist die Nachgeburtsverhaltung ein seltenes Ereignis. Bei ungestörtem Ablauf geht die Nachgeburt innerhalb von 90 Minuten nach der Geburt ab. Spätestens 2–6 Stunden nach der Geburt sollte die Nachgeburt ausgestoßen sein. Komplikationen durch Nachgeburtsverhaltungen bei der Stute sind gefürchtet und können dramatische Folgen haben (Hufrehe und Endotoxinschock).

Ursache

Mangelhafte Ablösung der Nachgeburt durch mechanische oder hormonelle Faktoren, allergische oder infektiöse Prozesse, nach Schwergeburten, Abort oder Kaiserschnitt, nach verzögerten, verschleppten Geburten.

Symptome

Fehlender oder unvollständiger Abgang der Nachgeburt.

Allgemeine Behandlungsmaßnahmen

Bei Nachgeburtsverhaltung ist in jedem Fall eine tierärztliche Versorgung notwendig!

Ist nach 90 Minuten noch kein Abgang der Eihäute erfolgt, kann man mit homöopathischen Mitteln die Gebärmutterrückbildung und die Stimulation des Nachgeburtsabgangs unterstützen. Nach tierärztlicher Versorgung sind homöopathische Arzneimittel ebenfalls sehr gut begleitend einsetzbar.

Therapie

▸ **Sabina D6 = Hauptmittel**

Nachgeburtsverhaltung, Gebärmutterschleimhautentzündung, Scheidenausfluss stinkend, wundmachend, eitrig, starke Nachwehen, Gebärmutterblutungen, **beschleunigt und unterstützt den Reinigungsfluss**

(Lochialfluss) und die Rückbildung der Gebärmutter, fördert das Abstoßen der Nachgeburt.

- **Empfohlene Dosierung:** akut jede Stunde 1 Gabe – ansonsten 3 × täglich 1 Gabe

▸ **Lachesis D8**

Nachgeburtsverhaltung, Gebärmutterschleimhautentzündung, akut **fieberhafte** Entzündungen, Ausfluss dünnflüssig, blutig, eitrig mit Gewebsfetzen, Berührungsempfindlichkeit, starke Beeinträchtigung des Allgemeinbefindens, Entzündungen mit **Blutvergiftung (Sepsis)**, Lachesis ist besonders bei Entzündungsprozessen mit Gewebszerfall und akut fieberhafter Komplikation des Krankheitsgeschehens angezeigt. Bewährt in Kombination mit Pyrogenium D15 (nach Wolter).

- **Empfohlene Dosierung:** 3 × täglich 1 Gabe

▸ **Pyrogenium D15**

Nachgeburtsverhaltung, Gebärmutterschleimhautentzündung, Entzündungsprozesse mit Gewebszerfall, Sekrete und **Absonderungen aasartig stinkend**, Blutvergiftung (Sepsis) mit starker Unruhe und Fieber. Bewährt in Kombination mit Lachesis D8 (nach Wolter).

- **Empfohlene Dosierung:** 3 × täglich 1 Gabe

CAVE Grenzen der Selbstmedikation beachten!

11 Milchdrüse

11.1 Milchmangel

Beschreibung

Unter Milchmangel versteht man das Unvermögen des Euters, Milch zu produzieren. Man unterscheidet die vollständige Funktionsstörung des Euters (Agalaktie) von der Hypogalaktie, bei der zu wenig Milch produziert wird. Betroffen sind vorwiegend ältere, erstgebärende Stuten und Tiere, die unter starkem Stress oder Mangelernährung leiden.

Ursache

Mangelernährung, Stress, hormonelle Störungen, Allgemeinerkrankungen, Verhärtungen im Milchdrüsengewebe infolge chronischer Euterentzündungen, genetische Veranlagung.

Symptome

Fehlende oder unzureichende Milchproduktion, Entwicklungsprobleme beim Fohlen.

Allgemeine Behandlungsmaßnahmen

Beseitigung der Ursache, Optimierung von Haltung und Fütterung.

Therapie

▸ **Phytolacca D6 = Hauptmittel**

Milchmangel, Milchstau, Euterentzündung, fördert den Milchfluss, steigert die Milchproduktion.

- **Empfohlene Dosierung:** 3 × täglich 1 Gabe

▸ **Agnus castus D6**

Milchmangel, fördert die Milchproduktion, hormonelle Fehlregulation, reguliert den Hormonhaushalt, Fruchtbarkeitsstörungen.

- **Empfohlene Dosierung:** 3 × täglich 1 Gabe

▸ **Pulsatilla D30**

Milchmangel, fördert die Milchsekretion, mangelhafte Entwicklung der Milchdrüse bei **Erstgebärenden**, hormonelle Fehlregulation, jüngere, **gutmütige**, umgängliche Tiere.

- **Empfohlene Dosierung:** 1 × täglich 1 Gabe

▸ **Urtica urens D4**

Milchmangel, steigert die Milchproduktion.

- **Empfohlene Dosierung:** 3 × täglich 1 Gabe

11.2 Euterentzündung

Beschreibung

Euterentzündungen (Mastitis) werden gerne übersehen (versteckte Lage des Stuteneuters, meist wenig ausgeprägte Symptome). Stuten erkranken nicht nur während der Säugeperiode, sondern auch während der Trächtigkeit und nach dem Absetzen des Fohlens.
Auch nicht trächtige, nicht säugende und nicht geschlechtsreife Tiere können davon betroffen sein. Einige Autoren halten vor allem die späte Säugephase und die Zeit direkt nach dem Absetzen des Fohlens für besonders gefährdet.

Ursache

Bakterielle Infektion (80–90 %), (virale Infektion, sterile Mastitis), begünstigende Faktoren: Erkältung (Kälte und Zugluft), Milchstau (totes Fohlen, Fohlen saugt zu wenig, nach dem Absetzen), Stress, Folge von schweren Allgemeinerkrankungen, übertriebene Saugaktivitäten des Fohlens (Traumatisierung des Euters), Verletzungen, Insektenstiche.

Symptome

Häufig nur gering ausgeprägte Symptomatik, klammer, steifer Gang, Hinterhandlahmheit, Verweigerung des Saugakts, lokale Entzündungszeichen: vermehrte Wärme, Schwellung, Schmerzhaftigkeit, Verhärtungen, Voreuterödem, ggf. Fieber und gestörtes Allgemeinbefinden, Veränderung der Milch in Farbe und Konsistenz, wässrig, flockig, eitrig, käsig, blutig.

Allgemeine Behandlungsmaßnahmen

Häufiges Ausmelken, entzündungshemmende, schmerzlindernde Maßnahmen.

Therapie

▸ **Aconitum D6 = Anfangsmittel**

Akute Euterentzündung mit hohem **Fieber** und gestörtem Allgemeinbefinden, Erkältung durch kalten Wind und Zugluft, **plötzlicher Beginn**, große Unruhe, Ängstlichkeit, Berührungsempfindlichkeit.

- **Empfohlene Dosierung:** alle 2 Stunden 1 Gabe (1. Tag, frühes Anfangsstadium)

▸ **Bryonia D6 = Hauptmittel**

Akute Euterentzündung mit Schwellung und Wärme, Berührungsempfindlichkeit, harte Drüse, Druck auf die Drüse erleichtert, großer Durst, Verschlechterung durch Bewegung, besser durch absolute Ruhe.

- **Empfohlene Dosierung:** 3 × täglich 1 Gabe

▸ **Phytolacca D6 = Hauptmittel**

Akute und chronische Euterentzündung, Euter geschwollen, hart, schmerzhaft, starke **Aktivierung des Milchflusses.**

- **Empfohlene Dosierung:** 3 × täglich 1 Gabe

▸ **Belladonna D6**

Akute, fieberhafte Euterentzündung mit gestörtem Allgemeinbefinden, Euter geschwollen, schmerzhaft, heiß, alle Beschwerden kommen plötzlich, sind heftig, heiß, klopfend und pulsierend, Berührungsempfindlichkeit, großer Durst, **Erregung** und Unruhe, **Pupillen weitgestellt**, Beschwerden: schlechter durch Berührung, Bewegung und Erschütterung.

- **Empfohlene Dosierung:** 3–6 × täglich 1 Gabe

▸ **Hepar sulfuris D30**

Akute und chronische Euterentzündung mit **eitrigem Sekret**, große Schmerzhaftigkeit und Empfindlichkeit gegen kalte Luft und Berührung, lokale Wärme tut gut, Beschwerden schlechter durch Kälte, besser durch Wärme.

- **Empfohlene Dosierung:** 2 × täglich 1 Gabe (akut), 1 × täglich 1 Gabe (chronisch)

CAVE Grenzen der Selbstmedikation beachten!

11.3 Euterödem

Beschreibung

Beim Euterödem kommt es zur Ansammlung von wässriger Flüssigkeit im Bindegewebe und damit zu Schwellungen im Bereich des Euters und Umgebung. Man unterscheidet ein entzündliches vom nicht entzündlichen Ödem.

Ursache

Hormonell bedingt (zum Zeitpunkt der Geburt), Euterentzündungen, Kreislaufstörungen, Allergie, Gebärmutterentzündung.

Symptome

Schwellungen des Euters und der Umgebung.

Allgemeine Behandlungsmaßnahmen

Beseitigung der Ursache.

Therapie

▸ **Apis D6 = Hauptmittel**

Ödeme, entzündliche und nicht entzündliche, Allergie, Entzündungen, Wassersucht.

- **Empfohlene Dosierung:** 3 × täglich 1 Gabe

▸ **Apocynum D6**

Ödeme, Wassersucht, stark harntreibende Wirkung, Herz- und Nierenmittel.

- **Empfohlene Dosierung:** 3 × täglich 1 Gabe

12 Hormonsystem

12.1 Equines Cushing-Syndrom

Beschreibung

Beim Cushing-Syndrom handelt es sich um eine Störung des Hormonhaushalts (Glukokortikoide). Betroffen sind vor allem ältere Pferde (15 Jahre und älter), die klassische Symptome wie Veränderungen des Haarkleids, gestörter Fellwechsel und chronische Hufrehe aufzeigen.

Ursache

Häufigste Ursache ist eine gestörte Funktion der Hypophyse (Mittellappen), bedingt durch tumoröse Veränderungen (Adenom). Dadurch kommt es zu einer permanent erhöhten Glukokortikoidproduktion im Körper. Auch die Überdosierung von Glukokortikoiden kann ein Auslöser für das Cushing-Syndrom sein.

Symptome

Hauptsymptome sind Veränderungen des Haarkleids – langes, dichtes, oft welliges Fell sowie ein gestörter Fellwechsel (langsam, verzögert, unvollständig). Vermehrtes Schwitzen und chronische Hufrehe sind ebenfalls häufige Krankheitszeichen. Weitere Symptome können sein: Trägheit, Leistungsschwäche, Muskelschwund und Gewichtsabnahme, abnorme Fettverteilung (Nacken, Hals, Kruppe, supraorbitale Fettpolster), vermehrter Durst und Harnabsatz. Eine latente Immunsuppression kann zu vermehrten und chronischen Infekten sowie Pilzinfektionen und gestörter Wundheilung führen.

Therapie

▸ **Agnus castus D4**

Hormonelle Dysfunktion, Störungen im Sexualhormonhaushalt, bewährt beim Cushing-Syndrom.

- **Empfohlene Dosierung:** 3 × täglich 1 Gabe

13 Herz, Kreislauf, Blut

13.1 Altersherz

Beschreibung

Das altersbedingte Nachlassen der Herzleistung ist ein natürlicher Vorgang im Alter. Je nach genetischer Veranlagung und Konstitution der Tiere wird die Leistungsfähigkeit des Herzens in dieser Lebensphase mehr oder weniger beeinträchtigt sein.

Ursache

Genetische Veranlagung, Krankheitsbelastungen, Lebens- und Arbeitsleistung des Herzens.

Symptome

Leistungsabfall, Konditionsschwäche, nach Belastung: längeres und stärkeres Schwitzen, Kurzatmigkeit, Mattigkeit nach Anstrengung.

Allgemeine Behandlungsmaßnahmen

Dosierte Belastung je nach Leistungsfähigkeit, keine Überanstrengung.

Therapie

▸ **Crataegus D6 = Hauptmittel**

Altersherz, Herzschwäche, infektiöse und toxische Herzmuskelschädigung, Herzgeräusche, arteriosklerotische Herzgefäßveränderungen, Kreislaufstörungen im Alter, Herzschwäche mit Lungenstauung und Atemnot, steigert die Herzdurchblutung, stärkt den Herzmuskel und die Kontraktionskraft des Herzens.

- **Empfohlene Dosierung:** 3 × täglich 1 Gabe

▸ **Cactus grandiflorus D6 = Hauptmittel**

Altersherz, Herzschwäche, Herzschmerzen, Herzklopfen, Herzmuskelentzündung, Herzklappenentzündung, Angina pectoris, löst Beklemmungsgefühl in der Brust und Herzkrämpfe, verbessert die Herzdurchblutung, stärkt das Herz. Bewährt in Kombination mit Crataegus.

- **Empfohlene Dosierung:** 3 × täglich 1 Gabe

▸ **Adonis vernalis D6**

Altersherz, Herzschwäche, nervöse Herzbeschwerden, Herzrhythmusstörungen, Herzklopfen, Herzschwäche mit Atemnot und Ödemen, Angina pectoris, Herzmuskelentzündung, Herzklappenentzündung, stärkt die Herzkraft.

- **Empfohlene Dosierung:** 3 × täglich 1 Gabe

▸ **Convallaria D6**

Altersherz, Herzschwäche, Herzklopfen, Herzrhythmusstörungen, nervöse Herzbeschwerden, Herzschwäche mit Atemnot und Ödemen, Herzklappenentzündung, Angina pectoris, stärkt die Herzkraft.

- **Empfohlene Dosierung:** 3 × täglich 1 Gabe

▸ **Digitalis D12**

Herzschwäche, Herzklopfen, Herzrhythmusstörungen, Herzmuskelentzündung, Angina pectoris, Herzschwäche mit Atemnot und Ödemen, stimuliert den Herzmuskel, stärkt die Herzkraft.

- **Empfohlene Dosierung:** 2 × täglich 1 Gabe

13.2 Herzschwäche

Beschreibung

Die Herzschwäche (Herzinsuffizienz) kann akut auftreten oder sich allmählich entwickeln. Betroffen sind vor allem Leistungspferde und ältere Tiere.

Ursache

Altersbedingtes Nachlassen der Herzleistung, entzündliche und degenerative Herzmuskelerkrankungen, chronische Atemwegsinfekte (COB, Emphysem), Überanstrengung, Vergiftungen, Fütterungsfehler, Herzrhythmusstörungen, angeborene Herzfehler.

Symptome

Konditionsschwäche, rasche Ermüdbarkeit, Kurzatmigkeit, Schwitzen (stärker, schneller und länger als normal), blau-rote Schleimhäute, Abmagerung, schlechter Appetit, schwankender Gang, in schweren Fällen: Atemnot, Ödeme, Husten (Stauungsbronchitis), Lungenödem.

Allgemeine Behandlungsmaßnahmen

Ruhe, keine Überlastung, dosierte Belastung je nach Leistungsfähigkeit des Herzens. Die stark ausgeprägte Herzschwäche bedarf tierärztlicher Behandlung.

Therapie

▸ **Digitalis D12 = Hauptmittel**

Herzschwäche, Herzklopfen, Herzrhythmusstörungen, Herzmuskelentzündung, Angina pectoris, Herzschwäche mit Atemnot und Ödemen, stimuliert den Herzmuskel, stärkt die Herzkraft.

- **Empfohlene Dosierung:** 2 × täglich 1 Gabe

▸ **Adonis vernalis D6**
Herzschwäche, nervöse Herzbeschwerden, Herzrhythmusstörungen, Herzklopfen, Herzschwäche mit Atemnot und Ödemen, Angina pectoris, Herzmuskelentzündung, Herzklappenentzündung, Altersherz, stärkt die Herzkraft.

- **Empfohlene Dosierung:** 3 × täglich 1 Gabe

▸ **Cactus grandiflorus D6**
Herzschwäche, Herzschmerzen, Herzklopfen, Herzmuskelentzündung, Herzklappenentzündung, Angina pectoris, löst Beklemmungsgefühl in der Brust und Herzkrämpfe, Altersherz, verbessert die Herzdurchblutung, stärkt das Herz. Bewährt in Kombination mit Crataegus.

- **Empfohlene Dosierung:** 3 × täglich 1 Gabe

▸ **Convallaria D6**
Herzschwäche, Herzklopfen, Herzrhythmusstörungen, nervöse Herzbeschwerden, Herzschwäche mit Atemnot und Ödemen, Herzklappenentzündung, Angina pectoris, Altersherz, stärkt die Herzkraft.

- **Empfohlene Dosierung:** 3 × täglich 1 Gabe

▸ **Crataegus D6**
Herzschwäche, infektiöse und toxische Herzmuskelschädigung, Herzgeräusche, arteriosklerotische Herzgefäßveränderungen, Kreislaufstörungen im Alter, Herzschwäche mit Lungenstauung und Atemnot, **Altersherz**, steigert die Herzdurchblutung, stärkt den Herzmuskel und die Kontraktionskraft des Herzens.

- **Empfohlene Dosierung:** 3 × täglich 1 Gabe

13.3 Kreislaufschwäche

Beschreibung

Betroffen sind vor allem ältere Pferde und Leistungspferde (Distanz- und Militarypferde, Wanderreiter).

Ursache

Überanstrengung, schwül-heißes Wetter, starkes Schwitzen, starker Flüssigkeitsverlust (Durchfall, Blutverlust), schwere Allgemeinerkrankung.

Symptome

Schwäche, Erschöpfung, schwankender Gang, Tier kann sich nicht mehr auf den Beinen halten, Verdauungsprobleme, Kolik, blass-blaue oder blau-rote Schleimhäute, angelaufene Beine.

Allgemeine Behandlungsmaßnahmen

Beseitigung der Ursache, bei Hitzeproblematik: ruhig, kühl und schattig stellen, kalte Beingüsse, Gliedmaßen leicht massieren, langsam kalt abduschen, genügend Flüssigkeit verabreichen (bei Bedarf auch Elektrolyte), ggf. eindecken und warm halten.

Therapie

▸ **Camphora D1 = Hauptmittel**

Kollaps, Kreislaufschwäche, Atemstillstand, Kälte, **blasse** Schleimhäute, Schwäche.

- **Empfohlene Dosierung:** akut alle 10 Minuten 1 Gabe bis zur Besserung

▸ **Carbo vegetabilis D30 = Hauptmittel**

Kreislaufschwäche und Kollaps, **blassblaue Schleimhäute**, große Schwäche, **kalte** Ohren, Extremitäten und Körperoberfläche, Atemnot, frische Luft bessert.

- **Empfohlene Dosierung:** akut alle 10 Minuten 1 Gabe, sonst 3 × täglich 1 Gabe

▸ **Veratrum album D30 = Hauptmittel**
Kreislaufschwäche und Kollaps nach Stress, nach Operation, bei Infektionskrankheiten, bei Wetterwechsel, **blassblaue Schleimhäute**, völlig erschöpft, **kalte** Ohren, Extremitäten und Körperoberfläche, ängstlich, Durst.

- **Empfohlene Dosierung:** akut alle 10 Minuten 1 Gabe, sonst 3 × täglich 1 Gabe

▸ **Arnika D30**
Schock, Kollaps nach **Trauma**, Unfall, Operation, Blutverlust, Kreislaufschwäche, **blau-rote** Schleimhäute.

- **Empfohlene Dosierung:** akut alle 10 Minuten 1 Gabe, sonst 3 × täglich 1 Gabe

▸ **Tabacum D30**
Kreislaufschwäche und Kollaps, **blasse** Schleimhäute, große Schwäche, Angst, **kalte** Ohren, Extremitäten und Körperoberfläche.

- **Empfohlene Dosierung:** akut alle 10 Minuten 1 Gabe, sonst 3 × täglich 1 Gabe

CAVE Grenzen der Selbstmedikation beachten!

13.4 Blutarmut

Beschreibung

Unter Blutarmut (Anämie) versteht man eine verminderte Anzahl von roten Blutkörperchen und/oder eine verminderte Konzentration des roten Blutfarbstoffs Hämoglobin.

Ursache

Blutverlust, akute und chronische Infektionen (z. B. Babesiose, Hämosporidiose, Piroplasmose, Leptospirose etc.), Hämolyse, Eisenmangel, Vitaminmangel, Magen-Darm-Geschwüre, Parasiten, Toxine, Giftpflanzen, Medikamente, Tumoren, Retrovirus-Infektion (infektiöse Anämie der Einhufer!).

Symptome

Blasse, auch gelblich verfärbte Schleimhäute, Leistungsabfall, Müdigkeit, Lustlosigkeit, vermindertes Wachstum von Jungtieren, Kurzatmigkeit bei Belastung, erhöhte Herzfrequenz, Ödeme.

Allgemeine Behandlungsmaßnahmen

Beseitigung der Ursache, optimale Haltung und Fütterung.
Die infektiöse Anämie der Einhufer ist anzeigepflichtig – die Therapie ist verboten! Charakteristika der infektiösen Anämie sind Blutarmut, Ödeme, Gelbsucht, anfallsartige Fieberschübe, Schleimhautblutungen.

Therapie

▸ **Ferrum arsenicosum D6 = Hauptmittel**

Blutarmut, blasse Schleimhäute, Schwäche, Erschöpfung, Abmagerung, Appetitlosigkeit.

- **Empfohlene Dosierung:** 3 × täglich 1 Gabe

▸ **Ferrum metallicum D12 = Hauptmittel**

Blutarmut, blasse Schleimhäute, Schwäche, Erschöpfung, Abmagerung, Folge von Blutverlust, gestörte Blutbildung.

- **Empfohlene Dosierung:** 2 × täglich 1 Gabe

▸ **Ferrum phosphoricum D12 = Hauptmittel**

Folge von Blutverlust, gestörte Blutbildung, (Jungtiermittel!).

- **Empfohlene Dosierung:** 2 × täglich 1 Gabe

▸ **Arsenicum album D6**

Chronische Blutarmut, Blutarmut bei chronischen und schweren Erkrankungen, perniziöse Anämie, Folgen von Fütterungsfehlern (verdorbenes Futter, Giftpflanzen), Folge von Blut- und Säfteverlust, Unruhe, Ängstlichkeit, Schwäche und Erschöpfung, Abmagerung, Durst auf kleine Mengen Wasser (schluckweise), besser durch Wärme.

- **Empfohlene Dosierung:** 3 × täglich 1 Gabe

▸ **China D6**

Blutarmut, **Folge von Säfteverlust** (Blutung), große Schwäche, Abmagerung.

- **Empfohlene Dosierung:** 3 × täglich 1 Gabe

14 Haut

14.1 Sommerekzem

Beschreibung

Das klassische Sommerekzem ist eine allergisch bedingte Hautentzündung, die vorzugsweise bei den nordischen Ponyrassen (z. B. Isländer) auftritt. Heutzutage wird allerdings die Diagnose Sommerekzem häufig großzügiger gestellt und auch andere Ursachen miteinbezogen.

Ursache

Klassisches Sommerekzem: Allergie gegen Mückenstiche; sonstige Ursachen: Stoffwechselstörung (zuviel Eiweiß!).

Symptome

Entzündliche Hautveränderungen mit Rötung, Schwellung, Haarausfall, Hautverdickungen und starkem Juckreiz vor allem im Bereich Mähne, Schweifrübe und Bauch.

Allgemeine Behandlungsmaßnahmen

Beseitigung der Ursache, Sanierung der Mückenbiotope, Optimierung der Haltungsbedingungen (Hygiene), Aufstallen der Pferde bei massivem Mückendruck, Einreiben mit insektenabweisenden ätherischen Ölen.

Therapie

▸ **Apis D6 = Hauptmittel**

Klassisches Sommerekzem, allergische Hautreaktionen, Insektenstiche, Juckreiz, Hautschwellungen, -bläschen, -quaddeln, berührungsempfindlich, Unruhe, Nesselsucht, Besserung durch kühlende Anwendungen.

- **Empfohlene Dosierung:** 3 × täglich 1 Gabe

▸ **Urtica urens D6 = Hauptmittel**

Klassisches Sommerekzem, allergische Hautreaktionen, Insektenstiche, Juckreiz, Nesselsucht. Kann gut mit Apis kombiniert werden.

- **Empfohlene Dosierung:** 3 × täglich 1 Gabe

▸ **Sulfur D30**

Chronische Ekzeme mit starkem Juckreiz, trockene und nässende Hautentzündungen, eitrige Hautentzündungen, Haarbruch, Haarausfall, Schuppen, chronisch entzündliche Verdickungen der Haut.

- **Empfohlene Dosierung:** 1 × täglich 1 Gabe

14.2 Mauke

Beschreibung

Unter Mauke versteht man ein Ekzem in der Fesselbeuge von Pferden. Die hinteren Gliedmaßen sind häufiger davon betroffen, als die Vordergliedmaßen.

Ursache

Nässe, Schmutz (schlechte Pflege, ungeeignete Aufstallung), langes, ungepflegtes Kötenhaar (Hygiene), Folge von Medikamentenverabreichung, Folge von Impfungen, unverträgliche Futtermittel, eiweißreiche Fütterung, allergische Reaktionen, Stoffwechselstörungen, Räudemilben, Pilzinfektion, Virusinfektion, bakterielle Sekundärinfektionen.

Symptome

Entzündliche Hautveränderungen: Rötung, Schwellung, Juckreiz, Bläschen, Pusteln, Knötchen, Krusten, Schuppen, Borken, Hautverdickungen und -verhärtungen, schmierig-käsige Absonderungen, eitrige Entzündung, nässendes Ekzem, trockenes Ekzem; Unruhe, Stampfen, Lahmheit.

Allgemeine Behandlungsmaßnahmen

Beseitigung der Ursache, lokal milde, desinfizierende Maßnahmen, Optimierung von Haltung, Fütterung und Pflege.

Therapie

▸ **Sulfur D30 = Hauptmittel**

Mauke, chronische Ekzeme mit Juckreiz, trockene und nässende Hautentzündungen, eitrige Hautentzündungen, Haarbruch, Haarausfall, Schuppen, chronisch entzündliche Verdickungen der Haut.

- **Empfohlene Dosierung:** 1 × täglich 1 Gabe

▸ **Arsenicum album D30**

Mauke und trockene, raue, schuppige, juckende Ekzeme bei Leber-, Nieren- und Verdauungsstörungen, großer Durst, Unruhe, Schwäche, Ängstlichkeit.

- **Empfohlene Dosierung:** 1 × täglich 1 Gabe

▸ **Berberis D6**

Mauke bei **Leber- und Nierenstörungen**, Folge von Leber- und Nierenerkrankungen, träge Leberfunktion, Leber- und Nierendrainagemittel.

- **Empfohlene Dosierung:** 2 × täglich 1 Gabe (2–3 Wochen)

▸ **Carduus marianus D6**

Mauke bei **Leberstoffwechselstörungen**, gereizte, ärgerliche, traurige Patienten, akute und chronische Lebererkrankungen, Verdauungsstörungen, Leberdrainagemittel.

- **Empfohlene Dosierung:** 3 × täglich 1 Gabe

▸ **Graphites D30**

Mauke bei schweren, dicken Tieren, trockene, juckende Ekzeme, Borkenbildung, Ekzeme mit zähen, honigartigen Absonderungen.

- **Empfohlene Dosierung:** 1 × täglich 1 Gabe

▸ **Lycopodium D12**

Mauke durch **Leber- und Stoffwechselstörungen**, häufig reizbare, ungeduldige Tiere, **reguliert Leberstoffwechsel**.

- **Empfohlene Dosierung:** 2 × täglich 1 Gabe (2–3 Wochen)

▸ **Malandrinum D200**

Mauke, trockene, schuppige, juckende Ekzeme, nässende Ekzeme, Borkenbildung.

- **Empfohlene Dosierung:** 1 × täglich 1 Gabe (3 ×), nach Tiefenthaler!

▸ **Thuja D30**

Mauke, chronische Ekzeme mit Hautverdickungen und warzenähnlichen Auswüchsen.

- **Empfohlene Dosierung:** 1 × täglich 1 Gabe

14.3 Haarwechsel

Beschreibung

Störungen im Haarwechsel wie verzögerter oder verlangsamter Haarwechsel oder ganz ausbleibender Haarwechsel sind häufig Ausdruck eines gestörten Stoffwechsels oder Hormonhaushalts.

Therapie

▸ **Arsenicum album D30**

Verzögerter, verlängerter oder ausbleibender Fellwechsel durch **große Schwäche und Entkräftung** und im fortgeschrittenem **Alter**, Unruhe, Ängstlichkeit.

- **Empfohlene Dosierung:** 1 × täglich 1 Gabe

▸ **Lycopodium D12**

Verzögerter oder verlängerter Fellwechsel durch **Leber- und Stoffwechselstörungen**, häufig reizbare, ungeduldige Tiere.

- **Empfohlene Dosierung:** 2 × täglich 1 Gabe (2–3 Wochen)

▸ **Thyreoidinum D30**

Gestörter Fellwechsel durch **Fehlfunktion der Schilddrüse**.

- **Empfohlene Dosierung:** 1 × täglich 1 Gabe (2–3 Wochen)

14.4 Hautpilz

Beschreibung

Bei Hautpilzinfektionen spielen zusätzliche Faktoren eine große Rolle. Ein geschwächtes Immunsystem, zu häufiges Waschen der Pferdehaut, hohe Feuchtigkeit und mangelhafte Hygiene bei Sattel-, Putz- und Zaumzeug begünstigen eine Infektion mit Hautpilzen.

Ursache

Trichophyton, Microsporum.

Symptome

Runde, scharf begrenzte Herde unterschiedlicher Größe, Haarbruch, Haarausfall, Schuppen, graue Beläge, Bläschen, Pusteln, Knötchen, Juckreiz.

Allgemeine Behandlungsmaßnahmen

Luft, Licht und Sonne für die Haut, peinlich genaue Hygiene bei Sattel-, Putz- und Zaumzeug, Optimierung von Haltung, Pflege und Fütterung, Stärkung des Immunsystems.
Vorsicht! – Diese Hautpilze sind auf den Menschen übertragbar!

Therapie

▸ **Bacillinum D200**
Alle Hautpilzerkrankungen.

- **Empfohlene Dosierung:** 1 × wöchentlich 1 Gabe (4 ×)

▸ **Sepia D30**
Alle Hautpilzerkrankungen.

- **Empfohlene Dosierung:** 1 × täglich 1 Gabe (3–4 Wochen)

▸ **Sulfur D30**
Das „große Hautmittel", reguliert gestörtes Hautmilieu und Hautstoffwechsel, alle Hautpilzerkrankungen, Reaktionsmittel.

- **Empfohlene Dosierung:** 1 × täglich 1 Gabe

14.5 Haarausfall

Beschreibung

Haarausfall (Alopezie) kann herdförmig auftreten oder den ganzen Körper betreffen.

Ursache

Hautentzündung, Hautparasiten, Hautpilz, Allergie, Hormonstörungen, Mangelzustände, Stoffwechselstörungen, mechanische Einwirkungen, Vergiftung, Haltungs- und Fütterungsfehler.

Allgemeine Behandlungsmaßnahmen

Beseitigung der Ursache!

Therapie

▸ **Lycopodium D12**

Starker Haarausfall bei **Leber- und Stoffwechselstörungen**, Nieren- oder Magenstörungen und nach großem physischem und psychischem Stress, häufig reizbare, ungeduldige Tiere.

- **Empfohlene Dosierung:** 2 × täglich 1 Gabe (2–3 Wochen)

▸ **Silicea D12**

Haarausfall bei **allgemeiner Schwäche**, nach erschöpfenden Krankheiten, nach Impfungen, häufig ruhige, nachgiebige Tiere mit minderer Haar- und Hufqualität und Neigung zu eitrigen Entzündungen.

- **Empfohlene Dosierung:** 2 × täglich 1 Gabe

▸ **Thallium aceticum D6**

Generalisierter und lokalisierter Haarausfall, Haarausfall nach Vergiftung, Haarausfall nach akuten und erschöpfenden Krankheiten, Haarausfall nach großem Stress, Haarausfall bei unbekannter Ursache.

- Empfohlene Dosierung: 2 × täglich 1 Gabe

▸ **Thyreoidinum D30**

Generalisierter Haarausfall durch **Fehlfunktion der Schilddrüse.**

- **Empfohlene Dosierung:** 1 × täglich 1 Gabe (2–3 Wochen)

14.6 Insektenstich, Zeckenbiss

Beschreibung

Insektenstiche oder -bisse führen zu lokalen, entzündlichen Hautreaktionen mit Rötung, Schwellung, Schmerzhaftigkeit oder Juckreiz. Die betroffenen Tiere reagieren meist mit Unruhe und Benagen oder Scheuern der betroffenen Hautpartien. Manchmal können auch allergische Reaktionen mit Quaddelausschlag als Folge von Insektenstichen oder -bissen auftreten.

Therapie

▸ **Apis D6 = Hauptmittel**

Insektenstiche, Zeckenbisse, Hautschwellungen, -bläschen, -quaddeln, schmerzhaft, sehr berührungsempfindlich, Juckreiz, Unruhe, besser durch kühlende Anwendungen.

- **Empfohlene Dosierung:** 2–3 × täglich 1 Gabe

▸ **Ledum D6 = Hauptmittel**

Insektenstiche, Zeckenbisse, sehr schmerzhaft, blaurote Hautverfärbung, auffallende Kälte der betroffenen Hautstellen, böse Folgen von Stich- oder Bissverletzung.

- **Empfohlene Dosierung:** 2–3 × täglich 1 Gabe

▸ **Lachesis D30**

Insektenstich, Zeckenbiss, **dunkelrote Verfärbung der betroffenen Hautstelle**, drohende Blutvergiftung (**Sepsis**).

- **Empfohlene Dosierung:** 1 × täglich 1 Gabe

▸ **Staphisagria D6**

Insektenstiche, starker Juckreiz, unangenehme Folgen von Insektenstichen, kann auch vorbeugend verabreicht werden.

- **Empfohlene Dosierung:** 2–3 × täglich 1 Gabe

14.7 Abszess

Beschreibung

Abszesse entstehen meist durch Bakterien, die über Hautwunden ins Gewebe eindringen und dort eine Entzündung hervorrufen, die zu Gewebeeinschmelzung und Eiterbildung führt. Im akuten Fall zeigen sich alle Zeichen einer Entzündung mit Rötung, Schwellung, Hitze und Schmerzhaftigkeit. Nach Abklingen der Entzündung entsteht der sogenannte kalte Abszess, der prall gefüllt, gut abgrenzbar gegen seine Umgebung und meist schmerzlos ohne deutliche Entzündungszeichen ist.

Ursache

Bakterien (z. B. Streptokokken, Staphylokokken).

Allgemeine Behandlungsmaßnahmen

Die Abszessreifung kann unterstützt werden durch Wärmepackungen (heiße Kartoffel- oder Leinsamenpackungen) oder durch Salben (z. B. Ichthyol).

Therapie

▸ **Hepar sulfuris D6 = Hauptmittel**

Fördert die **Abszessreifung** und den Durchbruch des Eiters nach außen, eitrige Entzündung, große Schmerzhaftigkeit und Berührungsempfindlichkeit, Sekret dick, gelb, übelriechend. Die tiefe Potenz (D6) beschleunigt Abszessreifung und Eiterentleerung.

- **Empfohlene Dosierung:** 3 × täglich 1 Gabe

▸ **Myristica sebifera D4 = Hauptmittel**

Fördert die **Abszessreifung** und den Durchbruch des Eiters nach außen.

- **Empfohlene Dosierung:** 3 × täglich 1 Gabe

▸ **Hepar sulfuris D30**

Nach Durchbruch oder Spaltung des Abszesses – zur Ausheilung der Abszesshöhle. Die hohe Potenz (D30) fördert bei lang bestehenden, eitrigen Entzündungen Resorption und Ausheilung.

- **Empfohlene Dosierung:** 1 × täglich 1 Gabe

▸ **Silicea D30**

Fördert die Ausheilung von Abszessen nach Eröffnung und Entleerung, Abszesse durch Fremdkörper, Eiter gelb, dick, mild, fördert die Ausheilung von chronischen Entzündungsprozessen und chronisch eitrigen Entzündungen, beschleunigt Gewebeheilung.

- **Empfohlene Dosierung:** 1 × täglich 1 Gabe

14.8 Wildes Fleisch

Beschreibung

Wildes Fleisch (Caro luxurians) ist das Ergebnis einer gestörten Wundheilung. Es kommt zu einer überschießenden Bildung von Wundheilgewebe (Granulationsgewebe), das weit über die Hautoberfläche wuchern kann. Es verhindert, dass die Haut von den Wundrändern her sauber zusammenwächst. Begünstigend in diesem Sinne wirken ständige, mechanische Reize, denen eine Wunde ausgesetzt ist, beispielsweise im Bereich von Gliedmaßen oder Gelenken.

Allgemeine Behandlungsmaßnahmen

Ruhigstellung der Wunde (Gelenk, Gliedmaße) während der Heilphase.

Therapie

▸ **Acidum nitricum D6**

Überschießendes Wundheilgewebe (Granulationsgewebe), Geschwüre wie rohes Fleisch.

- **Empfohlene Dosierung:** 2 × täglich 1 Gabe

▸ **Calendula D6**

Wildes Fleisch, Wundheilungsstörungen, fördert gesunde Wundheilung, fördert günstige Narbenbildung, sehr hilfreich, zusätzlich als **wässrige Lösung lokal** anzuwenden!

- **Empfohlene Dosierung:** 3 × täglich 1 Gabe

▸ **Causticum D30**

Wucherndes Wundheilgewebe (Granulationsgewebe), schlecht heilende, alte Wunden.

- **Empfohlene Dosierung:** 1 × täglich 1 Gabe

▸ **Silicea D12**

Überschießendes Wundheilgewebe (Granulationsgewebe), schlechte Heilungstendenz der Haut, Narbenkeloide (Wulstnarbe), fördert Rückbildung von Narbengewebe, resorbiert fibröses Gewebe bei chronischen Prozessen.

- **Empfohlene Dosierung:** 2 × täglich 1 Gabe

14.9 Geschwür

Beschreibung

Als Geschwüre (Ulcus) bezeichnet man Wunden im Bereich von Haut und Schleimhaut, bei denen es durch Gewebseinschmelzung zu Substanzverlust gekommen ist. Meist zeigen sie eine schlechte Heiltendenz.

Ursache

Lokale Mangeldurchblutung, Immunschwäche, allgemein schlechte Wundheilung.

Allgemeine Behandlungsmaßnahmen

Regelmäßige, lokale Wundtoilette (Reinigung, milde Desinfektion, Wundheilsalbe).

Therapie

▸ **Acidum nitricum D30**

Geschwüre, bluten leicht, dünner, scharfer, stinkender Eiter, Geschwüre wie rohes Fleisch.

- **Empfohlene Dosierung:** 1 × täglich 1 Gabe

▸ **Calcium fluoratum D12**

Geschwüre, fistelnd mit dickem, gelben Eiter, Geschwürränder **hart**, erhaben.

- **Empfohlene Dosierung:** 2 × täglich 1 Gabe

▸ **Calendula D6**

Geschwüre, frische und alte Verletzungen, schlecht heilende Wunden aller Art, wildes Fleisch, Wundheilungsstörungen, fördert gesunde Wundheilung, sehr hilfreich, zusätzlich als **wässrige Lösung lokal** anzuwenden!

- **Empfohlene Dosierung:** 3 × täglich 1 Gabe

▶ **Echinacea D6**
Geschwüre, eiternde, schlecht heilende Wunden, Gangrän, zugehörige Lymphknoten vergrößert, sehr hilfreich, zusätzlich als **wässrige Lösung lokal** anzuwenden!

- **Empfohlene Dosierung:** 2–3 × täglich 1 Gabe

▶ **Hepar sulfuris D30**
Eitrige, blutige Geschwüre mit großer Schmerzhaftigkeit und Berührungsempfindlichkeit, Sekret dick, gelb, übelriechend, fördert bei langstehenden, eitrigen Entzündungen Resorption und Ausheilung.

- **Empfohlene Dosierung:** 1 × täglich 1 Gabe

▶ **Lachesis D30**
Geschwüre mit **bläulich-violetter** oder **purpurroter** Hautverfärbung, bluten leicht, häufig Fieber.

- **Empfohlene Dosierung:** 1 × täglich 1 Gabe

▶ **Mercurius solubilis D12**
Hartnäckige Haut- und Schleimhautgeschwüre, Absonderungen ätzend, scharf und eitrig, bluten leicht.

- **Empfohlene Dosierung:** 2 × täglich 1 Gabe

▶ **Silicea D30**
Schlecht heilende, eiternde Wunden, alte, chronische Geschwüre, fistelnde Geschwüre, schlechte Heilungstendenz der Haut, chronische Eiterungen aller Art, resorbiert fibröses Gewebe bei chronischen Prozessen.

- **Empfohlene Dosierung:** 1 × täglich 1 Gabe

14.10 Narben

Beschreibung

Narben oder Keloide (Wulstnarbe) können eine mechanische Behinderung für den reibungslosen, flüssigen Bewegungsablauf darstellen, aber auch als Störfeld im energetischen Sinn (Neuraltherapie/Akupunktur) fungieren. Besondere Aufmerksamkeit sollte man großflächigen, missgebildeten, farblich veränderten und empfindlichen Narben schenken.

Therapie

▸ **Calcium fluoratum D30 = Hauptmittel**

Narben, Verhärtungen von steinerner Härte. Kann gut im Wechsel mit Silicea gegeben werden.

- **Empfohlene Dosierung:** 1 × täglich 1 Gabe (Langzeittherapie 2–3 Monate!)

▸ **Silicea D30 = Hauptmittel**

Fördert Rückbildung von Narbengewebe, Bindegewebsverhärtungen, schmerzhafte, alte Narben, Narbenkeloide (Wulstnarbe), resorbiert fibröses Gewebe bei chronischen Prozessen. Kann gut im Wechsel mit Calcium fluoratum gegeben werden.

- **Empfohlene Dosierung:** 1 × täglich 1 Gabe (Langzeittherapie 2–3 Monate!)

▸ **Acidum fluoricum D12**

Narbenkeloide, Jucken von Narben, alte Narben brechen auf.

- **Empfohlene Dosierung:** 2 × täglich 1 Gabe (Langzeittherapie!)

▸ **Graphites D12**

Unterstützt Rückbildung von Narbengewebe, alte, harte Narben werden weich und vergehen, Narbenbeschwerden, Gewebeverhärtungen, frühe Stadien von Keloiden und Fibromen.

- **Empfohlene Dosierung:** 2 × täglich 1 Gabe (Langzeittherapie!)

14.11 Satteldruck

Beschreibung

Beim Satteldruck kommt es durch übermäßige Druckbelastung umschriebener Hautpartien in der Sattellage zu Minderdurchblutung und Ernährungsstörungen der betroffenen Hautareale.

Symptome

Haarausfall, Hautentzündung, Schmerzhaftigkeit, Hautwunden, Hautverdickung.

Allgemeine Behandlungsmaßnahmen

Beseitigung der Ursache (Sattel, Satteldecke, falscher Sitz), totale Entlastung der betroffenen Hautareale während der Heilphase.

Therapie

▸ **Arnika D6 = Anfangsmittel**

Akute Satteldruckstellen mit Quetschung oder Verletzung der Haut, Hauptmittel bei Verletzungen aller Art, kann **sofort** nach jeder Art von Verletzung gegeben werden, lindert Schmerzen, fördert Blutstillung, verbessert Wundheilung, Folgen von Verletzungen, starke Berührungsempfindlichkeit.

- **Empfohlene Dosierung:** akut 3 × täglich 1 Gabe

▸ **Antimonium crudum D6 = Hauptmittel**

Alte, chronische Hautveränderungen durch Satteldruck, **derbe, hornige Hautschwielen**, Hyperkeratose.

- **Empfohlene Dosierung:** 2–3 × täglich 1 Gabe

▸ **Calcium fluoratum D30 = Hauptmittel**

Alte, chronische Druckstellen, Verhärtungen von steinerner Härte, Schwellungen und verhärtete Verdickungen in Haut, Unterhaut, Faszien, Bändern und Sehnen, Verhärtungen mit drohender Vereiterung, Narben. Kann gut im Wechsel mit Silicea gegeben werden.

- **Empfohlene Dosierung:** 1 × täglich 1 Gabe (Langzeittherapie 2–3 Monate!)

▸ **Silicea D30 = Hauptmittel**

Alte, chronische Druckstellen, Bindegewebsverhärtungen, schmerzhafte, alte Narben, fördert Rückbildung von Narbengewebe, alte, chronische Geschwüre, resorbiert fibröses Gewebe bei chronischen Prozessen. Kann gut im Wechsel mit Calcium fluoratum gegeben werden.

- **Empfohlene Dosierung:** 1 × täglich 1 Gabe (Langzeittherapie 2–3 Monate!)

▸ **Acidum fluoricum D12**

Alte, chronische Druckstellen, derbe Verhärtungen der Haut, Narbenkeloide (Wulstnarben).

- **Empfohlene Dosierung:** 2 × täglich 1 Gabe (Langzeittherapie!)

▸ **Calendula D6**

Akute, frische Druckstellen mit Verletzung der Haut, fördert gesunde Wundheilung, schlecht heilende, offene Satteldruckstellen, sehr hilfreich, zusätzlich als **wässrige Lösung lokal** anzuwenden!

- **Empfohlene Dosierung:** 3 × täglich 1 Gabe

14.12 Talggeschwulst

Beschreibung

Talggeschwulste (Grützbeutel, Atherom) entstehen durch verstopfte Talgdrüsen. Es entwickelt sich eine Zyste, die anfangs weich, später talgig und fest wird. Man findet sie meist an den Übergängen von Haut zu Schleimhaut (Scheide, Nüstern, Lippen).

Therapie

▸ **Barium carbonicum D6 = Hauptmittel**

Talggeschwülste (Grützbeutel), Fettgeschwülste.

- **Empfohlene Dosierung:** 2 × täglich 1 Gabe

▸ **Graphites D6 = Hauptmittel**

Talggeschwulst (Grützbeutel), Gerstenkorn, Fettgeschwulst, Haut trocken, rissig, chronische Seborrhoe.

- **Empfohlene Dosierung:** 2 × täglich 1 Gabe

▸ **Silicea D12 = Hauptmittel**

Talggeschwulst (Grützbeutel), schmerzlos, verschiebbar.

- **Empfohlene Dosierung:** 2 × täglich 1 Gabe (Langzeittherapie)

▸ **Conium D30**

Talggeschwulst (Grützbeutel) chronisch, derb, **verhärtet**.

- **Empfohlene Dosierung:** 1 × täglich 1 Gabe

▸ **Hepar sulfuris D30**

Talggeschwulst (Grützbeutel) weich, **eiternd**, nicht verschiebbar.

- **Empfohlene Dosierung:** 1 × täglich 1 Gabe

14.13 Juckreiz

Beschreibung

Juckreiz ist keine eigenständige Erkrankung, sondern ein **Symptom**, das sich beim Tier vor allem durch Scheuern und Benagen/Beknabbern der betroffenen Hautpartien zeigt.

Ursache

Hautparasiten, Insektenstiche, Entzündungen von Haut und Schleimhaut, Allergien, Stoffwechselstörungen, hormonelle Störungen.

Allgemeine Behandlungsmaßnahmen

Beseitigen der Ursache!

Therapie

- **Apis D6**

Juckreiz bei **allergischen** Hautreaktionen, Insektenstichen und ödematösen Hautveränderungen.

- **Empfohlene Dosierung:** 3 × täglich 1 Gabe

- **Arsenicum album D30**

Juckreiz, Haut trocken, rau, schuppig, Unruhe, Erschöpfung, Ängstlichkeit, **gestörte Nierenfunktion**.

- **Empfohlene Dosierung:** 1 × täglich 1 Gabe

- **Cardiospermum D6**

Allgemein bei Juckreiz unterschiedlichster Ursache, allergische Hauterkrankungen, Ekzem, Nesselsucht, Juckreiz und Hautsymptome durch Medikamentenunverträglichkeiten.

- **Empfohlene Dosierung:** 2–3 × täglich 1 Gabe

▸ **Dolichos pruriens D6**
Allgemein bei Juckreiz unterschiedlichster Ursache, Juckreiz ohne Ausschlag.

- **Empfohlene Dosierung:** 2–3 × täglich 1 Gabe

▸ **Mezerum D6**
Juckreiz bei Hautentzündungen, **Pusteln**, **Bläschen**.

- **Empfohlene Dosierung:** 2–3 × täglich 1 Gabe

▸ **Sulfur D30**
Juckreiz bei Stoffwechselstörungen, Medikamentenunverträglichkeiten, Hautparasiten und chronischen Hautentzündungen.

- **Empfohlene Dosierung:** 1 × täglich 1 Gabe

▸ **Urtica urens D6**
Juckreiz bei Hautausschlägen, Nesselsucht und **allergischen** Reaktionen.

- **Empfohlene Dosierung:** 3 × täglich 1 Gabe

14.14 Ekzem

Beschreibung

Ekzeme sind oberflächliche Hautentzündungen, die mit Juckreiz einhergehen und zum chronischen Verlauf neigen.

Ursache

Allergie, unverträgliche Waschmittel, Öle, Fette oder Lederpflegemittel, Arzneimittel, Futtermittel, Stoffwechselstörungen, organische Fehlfunktionen.

Symptome

Entzündliche Hautveränderungen, nässend oder trocken, mit Rötung, Schwellung, Haarbruch, Haarausfall, **starkem Juckreiz**, Schuppen, Bläschen, Knötchen, Hautverdickungen, Borken- und Krustenbildung.

Allgemeine Behandlungsmaßnahmen

Beseitigung der Ursache!

Therapie

▸ **Sulfur D30 = Hauptmittel**

Akute und chronische Ekzeme, starker Juckreiz, trockene und nässende Hautentzündungen, eitrige Hautentzündungen, Haarbruch, Haarausfall, Schuppen, chronisch entzündliche Verdickungen der Haut, Patient riecht übel, Sulfur stärkt das Hautmilieu, Stoffwechselmittel, Reaktionsmittel, Umstimmungsmittel, Wärme verschlechtert.

- **Empfohlene Dosierung:** 1 × täglich 1 Gabe

▸ **Antimonium crudum D6**

Chronische Ekzeme, Juckreiz, **derbe, hornige Hautschwielen**

- **Empfohlene Dosierung:** 2 × täglich 1 Gabe

▸ **Apis D6**

Allergisches Ekzem (z. B. Sommerekzem), Juckreiz.

- **Empfohlene Dosierung:** 3 × täglich 1 Gabe

▸ **Arsenicum album D30**

Trockene, raue, schuppige, juckende Ekzeme bei Leber-, Nieren- und Verdauungsstörungen, großer Durst, Unruhe, Schwäche, Ängstlichkeit, sucht Wärme.

■ **Empfohlene Dosierung:** 1 × täglich 1 Gabe

▸ **Cardiospermum D6**

Ekzem, allgemein bei **Juckreiz** unterschiedlichster Ursache, allergische Hauterkrankungen, Juckreiz und Hautsymptome durch Medikamentenunverträglichkeit.

■ **Empfohlene Dosierung:** 2–3 × täglich 1 Gabe

▸ **Graphites D30**

Trockene, juckende Ekzeme bei schweren, dicken Tieren, Borkenbildung, Ekzeme mit zähen, honigartigen Absonderungen.

■ **Empfohlene Dosierung:** 1 × täglich 1 Gabe

▸ **Hepar sulfuris D30**

Eitrige Ekzeme, Schmerzhaftigkeit, Berührungsempfindlichkeit, Sekret dick, gelb, übelriechend, fördert bei lang bestehenden, eitrigen Entzündungen Resorption und Ausheilung.

■ **Empfohlene Dosierung:** 1 × täglich 1 Gabe

▸ **Psorinum D30**

Hartnäckige Ekzeme mit starkem Juckreiz und unangenehmem Geruch, Kälteempfindlichkeit.

■ **Empfohlene Dosierung:** 1 × täglich 1 Gabe

▸ **Thuja D30**

Chronische Ekzeme mit Hautverdickungen und warzenähnlichen Auswüchsen.

■ **Empfohlene Dosierung:** 1 × täglich 1 Gabe

14.15 Parasiten

Beschreibung

Wichtige Hautparasiten sind Laus, Haarling, Lausfliege, Zecken, Herbstgrasmilben, Mücken, Bremsen und Hautdasselfliege. Bei einem akuten, starken Befall mit Hautparasiten sollte der **Tierarzt** gerufen werden. Ergänzend können sehr gut homöopathische Mittel verwendet werden. Der Einsatz von Homöopathika hat zum Ziel, den Hautstoffwechsel so zu verändern, dass ein parasitenfeindliches Milieu geschaffen wird.

Therapie

▸ **Sulfur D30 = Hauptmittel**

Starker Juckreiz, akute und chronische Ekzeme, stärkt das Hautmilieu, Stoffwechselmittel, Reaktionsmittel, Umstimmungsmittel.

- **Empfohlene Dosierung:** 1 × täglich 1 Gabe

14.16 Räude

Beschreibung

Die Räudeerkrankung wird durch verschiedene Milbenarten hervorgerufen. Die Ansteckung erfolgt durch direkten Kontakt mit einem befallenen Tier oder über infizierte Pflege- und Ausrüstungsgegenstände.

Ursache

Räudemilben: Sarkoptes-, Chorioptes-, Psoroptesmilben; Demodex.

Symptome

Starker Juckreiz, Haarbruch, Haarausfall, Schuppen, Knötchen, Hautverdickungen, Borken- und Krustenbildung, Unruhe, Fußstampfen.
Sarkoptesräude: Beginn meist im Bereich Kopf und Widerrist.
Psoroptesräude: Beginn meist im Bereich Mähne und Schweif.
Chorioptesräude (Fußräude): meist im Bereich der Fesselbeuge.

Allgemeine Behandlungsmaßnahmen

Sarkoptes- und Psoroptesräude beim Pferd sind **anzeigepflichtig!** Vorsicht, die Sarkoptesräude ist **auf den Menschen übertragbar**! Räudeerkrankungen sollten vom **Tierarzt** behandelt werden!
Homöopathika können sehr gut ergänzend eingesetzt werden. Verbesserung von Haltung, Fütterung und Pflege. Bekämpfung der Milben auf dem Tier und in dessen Umgebung. Reinigung und Desinfektion von Lagerstätte, Aufenthaltsbereich des Tieres sowie dessen Ausrüstungs- und Pflegegegenständen.

Therapie

▸ **Psorinum D200 = Anfangsmittel**

Anfangsmittel bei Räude, hartnäckige Ekzeme mit starkem Juckreiz und unangenehmem Geruch.

- **Empfohlene Dosierung:** zu Beginn 1 Gabe

▸ **Sulfur D30 = Hauptmittel**
Räude (Krätze), starker Juckreiz, akute und chronische Ekzeme, stärkt das Hautmilieu, Stoffwechselmittel, Reaktionsmittel, Umstimmungsmittel.

- **Empfohlene Dosierung:** 1 × täglich 1 Gabe

14.17 Nesselsucht

Beschreibung

Die Nesselsucht (Quaddelausschlag, Urtikaria) kann sowohl als akutes, flüchtiges Krankheitsbild auftreten als auch als chronische Erkrankung, die ggf. auch Monate andauern kann.

Ursache

Allergische Reaktion auf verschiedene Stoffe: Medikamente, Insektenstiche, Pflanzen- und Giftstoffe, Futtermittel.

Symptome

Hautquaddeln, Juckreiz, entzündliche Hautrötungen.

Allgemeine Behandlungsmaßnahmen

Beseitigung der Ursache, Stabilisierung von Herz und Kreislauf, Vermeidung des Kontakts mit den allergischen Substanzen. Bei akuter Nesselsucht mit gestörtem Allgemeinbefinden besteht **Schockgefahr** und ist ein **Tierarzt** hinzuzuziehen!

Therapie

▸ **Apis D6 = Hauptmittel**

Akute und chronische Nesselsucht, allergische Hautreaktionen, Insektenstiche, Juckreiz.

- **Empfohlene Dosierung:** akut alle 30 Minuten 1 Gabe, sonst 3 × täglich 1 Gabe

▸ **Urtica urens D6 = Hauptmittel**

Nesselsucht, allergische Hautreaktionen, Juckreiz.

- **Empfohlene Dosierung:** akut alle 30 Minuten 1 Gabe, sonst 3 × täglich 1 Gabe

▸ Calcium carbonicum D200

Akute und chronische Nesselsucht. Kann gut mit Apis oder Urtica kombiniert werden. Kann prophylaktisch eingesetzt werden als **Umstimmungstherapie**.

- **Empfohlene Dosierung:** akut 1 × wöchentlich 1 Gabe, sonst 1 × monatlich 1 Gabe

15 Nervensystem, Verhaltensstörungen

15.1 Angst

Therapie

▸ **Aconitum D200 = Hauptmittel**

Angst plötzlich, unbegründet, Panikzustände, Herzklopfen, Angst vor Alleinsein, Angst vor Enge/Beengung, Angst vor Geräuschen, Platzangst, große Unruhe, große Schreckhaftigkeit.

- **Empfohlene Dosierung:** 1 × monatlich 1 Gabe und bei Bedarf

▸ **Arsenicum album D200 = Hauptmittel**

Angst vor Alleinsein, Angst vor Versagen, Angst vor Prüfungen, Angst vor Tadel, Angst vor dem Tod, große Unruhe.

- **Empfohlene Dosierung:** 1 × monatlich 1 Gabe

▸ **Phosphorus D200 = Hauptmittel**

Angst vor Gewitter, Angst vor Alleinsein, Angst vor/in Dunkelheit, nervöse Erregbarkeit, schreckhaft, unruhig, rasch ermüdbar.

- **Empfohlene Dosierung:** 1 × monatlich 1 Gabe

▸ **Argentum nitricum D30**

Angstvolles Wesen, Angst vor Alleinsein, Angst vor Neuem, Angst vor Prüfungen, Platzangst, Angst vor Menschenansammlung, Durchfall durch Aufregung/Erwartungsangst.

- **Empfohlene Dosierung:** 1 × wöchentlich 1 Gabe

▸ **Coffea D30**

Angst und Aufregung vor Turnieren, Folgen plötzlicher Erregung, Herzklopfen, vorbeugend vor Stresssituationen.

- **Empfohlene Dosierung:** 1 Gabe bei Bedarf

15.2 Schreck (Schreck-, Schockerlebnis)

Therapie

- **Aconitum D200 = Hauptmittel**

Lebensbedrohliche, schockierende Ereignisse, Schock durch Schreck, Folgen von Schreck, Herzklopfen, **panisch, unruhig, ängstlich, aufgeregt**.

- **Empfohlene Dosierung:** 1 Gabe bei Bedarf

- **Arnika D200**

Regungslos, wie erschlagen, Schreck durch **körperliche und seelische Traumen**.

- **Empfohlene Dosierung:** 1 Gabe bei Bedarf

- **Ignatia D200**

Schreckhaft bei geringstem Geräusch, **hysterisch**, **schneller Stimmungswechsel**.

- **Empfohlene Dosierung:** 1 Gabe bei Bedarf

- **Kalium phosphoricum D30**

Schreckhaftigkeit, mangelnde Nervenkraft, Neurasthenie, Ängstlichkeit, nervöse Furcht.

- **Empfohlene Dosierung:** 1 × wöchentlich 1 Gabe

- **Opium D200**

Äußerst schreckhaft, Folgen von Schreck, **erstarrt, apathisch**.

- **Empfohlene Dosierung:** 1 Gabe bei Bedarf

15.3 Panik

Therapie

▸ **Aconitum D200 = Hauptmittel**

Panikzustände mit starkem Herzklopfen, plötzliches, heftiges Auftreten der Symptome, große Unruhe, Ängstlichkeit, Schreckhaftigkeit, Angst vor Menschenmengen, Angst vor engen Räumen, Angst nachts.

- **Empfohlene Dosierung:** 1 Gabe bei Bedarf, sonst 1 × monatlich 1 Gabe

▸ **Argentum nitricum D30**

Hysterisch, angstvolles, nervöses Wesen, Platzangst, Angst vor Prüfungen, Angst vor Reisen.

- **Empfohlene Dosierung:** 1 Gabe bei Bedarf, sonst 1 × wöchentlich 1 Gabe

▸ **Arsenicum album D200**

Panische Angstattacken, Unruhe, Erschöpfung, Angst vor Alleinsein.

- **Empfohlene Dosierung:** 1 Gabe bei Bedarf, sonst 1 × monatlich 1 Gabe

15.4 Trauer, Kummer

Therapie

▸ **Ignatia D200 = Hauptmittel**

Beschwerden durch Trauer und Kummer (**kurz und länger zurückliegende Ereignisse**), traurig, melancholisch, introvertiert, Folgen von Trauer, Kummer, Enttäuschung und Sorge, wechselhafte Stimmung, hysterisch.

- **Empfohlene Dosierung:** akut 1 × täglich 1 Gabe, sonst 1 × wöchentlich 1 Gabe

▸ **Natrium chloratum D200**

Beschwerden durch **länger zurückliegende Ereignisse**, Folgen von Trauer, Kummer, Furcht und Ärger, trösten verschlimmert, möchte allein sein, kann auch längere Zeit nicht vergessen.

- **Empfohlene Dosierung:** 1 × wöchentlich 1 Gabe

15.5 Unruhe, Ruhelosigkeit

Therapie

▸ **Aconitum D30 = Hauptmittel**

Unruhe, plötzliche Angst, **plötzliche**, heftige Beschwerden (akute Erkrankungen), Folgen von Schreck, Panikzustände.

- **Empfohlene Dosierung:** 1 × täglich 1 Gabe

▸ **Arsenicum album D30 = Hauptmittel**

Unruhe, starke Erschöpfung und **Schwäche**, Ängstlichkeit.

- **Empfohlene Dosierung:** 1 × täglich 1 Gabe

▸ **Rhus toxicodendron D30 = Hauptmittel**

Unruhe, große Ruhelosigkeit, Bewegungsdrang, **Bewegung bessert alle Beschwerden**.

- **Empfohlene Dosierung:** 1 × täglich 1 Gabe

▸ **Argentum nitricum D30**

Unruhe, nervöse Überreiztheit, angstvolles Wesen, Durchfall bei Aufregung/Erwartungsangst.

- **Empfohlene Dosierung:** 1 × wöchentlich 1 Gabe und bei Bedarf

▸ **Coffea D30**

Nervöse Unruhe mit Reizbarkeit, Überdrehtheit, Folgen plötzlicher Erregung, Herzklopfen, vorbeugend vor Stresssituationen.

- **Empfohlene Dosierung:** 1 × wöchentlich 1 Gabe und bei Bedarf

15.6 Prüfungsangst, Leistungsstress

Therapie

▸ **Argentum nitricum D30**

Prüfungsangst, Lampenfieber, besser nach Beginn der Prüfung, Erwartungsspannung, ängstliche Unruhe, nervös, hastig, Angst vor Neuem, Angst vor Menschenansammlung, Platzangst, Durchfall durch Aufregung/Erwartungsangst, angstvolles Wesen.

- **Empfohlene Dosierung:** vorbeugend 1–2 Gaben (12 Stunden und 1 Stunde vor dem Ereignis)

▸ **Coffea D30**

Angst und Aufregung vor Turnieren, Folgen plötzlicher Erregung, Herzklopfen, vorbeugend vor Stresssituationen.

- **Empfohlene Dosierung:** vorbeugend 1–2 Gaben (12 Stunden und 1 Stunde vor dem Ereignis)

▸ **Gelsemium D30**

Prüfungsangst mit Zittern, Lampenfieber, Schwäche, Benommenheit.

- **Empfohlene Dosierung:** vorbeugend 1–2 Gaben (12 Stunden und 1 Stunde vor dem Ereignis)

15.7 Heimweh

Therapie

▸ **Ignatia D200 = Hauptmittel**

Folgen von Heimweh, melancholisch, introvertiert, Trauer, Kummer, Enttäuschung, Sorge, wechselhafte Stimmung, hysterisch.

- **Empfohlene Dosierung:** akut 1 × täglich 1 Gabe, sonst 1 Gabe bei Bedarf

▸ **Acidum phosphoricum D12**

Erschöpft von Kummer und Heimweh, zieht sich zurück.

- **Empfohlene Dosierung:** 2 × täglich 1 Gabe

15.8 Weben

Bei diesen Verhaltensauffälligkeiten sind die **Haltungsbedingungen** kritisch zu hinterfragen, da oft Langeweile und Einzelhaft ursächlich mitverantwortlich sind! Homöopathische Arzneimittel können unterstützend verabreicht werden.

Therapie

▸ **Tarantula hispanica D30**

Weben, Beine dauernd in Bewegung, nervöse Unruhe, große Ruhelosigkeit, zwanghafte Bewegungen, muss dauernd in Bewegung sein, Übererregtheit, überempfindlich gegen Licht und Geräusche.

- **Empfohlene Dosierung:** 1 × täglich 1 Gabe

▸ **Zincum metallicum D30**

Weben, Beine dauernd in Bewegung, kann sich nicht stillhalten, nervöse Unruhe, Schwäche und Erschöpfung, geräuschempfindlich.

- **Empfohlene Dosierung:** 1 × täglich 1 Gabe

15.9 Koppen, Freikoppen

Bei diesen Verhaltensauffälligkeiten sind die **Haltungsbedingungen** kritisch zu hinterfragen. Langeweile und Einzelhaltung sollten durch intensive Beschäftigung des Tieres und Herdenhaltung ersetzt werden. Homöopathische Arzneimittel können unterstützend verabreicht werden.

Therapie

▸ **Strychninum phosphoricum D30**

Freikoppen, Magen-Darm-Störungen.

- **Empfohlene Dosierung:** 1 × täglich 1 Gabe

▸ **Zincum metallicum D30**

Koppen, Beine dauernd in Bewegung, kann sich nicht stillhalten, nervöse Unruhe, Schwäche und Erschöpfung, geräuschempfindlich.

- **Empfohlene Dosierung:** 1 × täglich 1 Gabe

16 Unfall, Verletzung, Erste Hilfe

16.1 Unfall

Therapie

▸ **Arnika D30 = Hauptmittel**

Kann **sofort nach jeder Art von Unfall** gegeben werden, Hauptmittel bei Verletzungen aller Art, lindert Schmerzen, fördert Blutstillung, verbessert Wundheilung, beugt Schockzuständen vor, vor jeder Operation, Gehirnerschütterung, Beschwerden: schlechter durch Bewegung, Berührung und Erschütterung, besser durch Ruhe.

- **Empfohlene Dosierung:** im akuten Fall stündlich 1 Gabe (4 ×)

▸ **Aconitum D200**

Verletzungsschock, Kollaps, Ohnmacht, **Panik**, **Schock durch Schreck**.

- **Empfohlene Dosierung:** 1 Gabe

▸ **Hypericum D30**

Gehirnerschütterung, **Nervenverletzungen**, offene und stumpfe Verletzungen, Verletzungen aller Art, insbesondere Verletzungen von nervenreichen Geweben, Folgen von Schock, Rückenmarkserschütterung und -verletzung, große Schmerzhaftigkeit.

- **Empfohlene Dosierung:** im akuten Fall stündlich 1 Gabe (4 ×)

CAVE Grenzen der Selbstmedikation beachten!

16.2 Blutung

Therapie

▸ **Arnika D30 = Hauptmittel**

Blutungen, Folgen von Verletzung, Schlag, Stoß, Sturz, Hauptmittel bei Verletzungen aller Art, lindert Schmerzen, fördert Blutstillung, verbessert Wundheilung, beugt Schockzuständen vor, kann sofort nach jeder Art von Unfall gegeben werden, Bluterguss, Beschwerden: schlechter durch Bewegung, Berührung und Erschütterung, besser durch Ruhe.

- **Empfohlene Dosierung:** akut alle 15 Minuten 1 Gabe

▸ **Hamamelis D4**

Blutungen, dunkel, venös, langsam, gleichmäßig fließend, Bluterguss.

- **Empfohlene Dosierung:** akut alle 15 Minuten 1 Gabe

▸ **Millefolium D4**

Blutungen, hellrot, reichlich, aus Organen, Wunden, Gefäßen, Folge von Verletzungen.

- **Empfohlene Dosierung:** akut alle 15 Minuten 1 Gabe

▸ **Phosphorus D30**

Blutungen, hell, reichlich, aus Organen, Wunden, Gefäßen, Neigung zu Blutungen, kleine Wunden bluten stark.

- **Empfohlene Dosierung:** akut alle 15 Minuten 1 Gabe

CAVE Grenzen der Selbstmedikation beachten!

16.3 Bluterguss

Therapie

▸ **Arnika D6 = Hauptmittel**

Bluterguss, Folgen von Blutungen, Folgen von Verletzung, Schlag, Stoß, Sturz, Hauptmittel bei Verletzungen aller Art, lindert Schmerzen, fördert Blutstillung, verbessert Wundheilung, beugt Schockzuständen vor, kann sofort nach jeder Art von Unfall gegeben werden, Beschwerden: schlechter durch Bewegung, Berührung und Erschütterung, besser durch Ruhe.

- **Empfohlene Dosierung:** 3 × täglich 1 Gabe

▸ **Hamamelis D30**

Bluterguss, Blutungen, venös, passiv, dunkel, gleichmäßig fließend, Prellungen, offene, schmerzhafte Wunden, Folgen von Stoß, Schlag, Verwundung.

- **Empfohlene Dosierung:** 1 × täglich 1 Gabe

▸ **Symphytum D6**

Bluterguss, Prellung, Quetschung, Verstauchung, Verletzungen durch stumpfe Gegenstände führen zu schmerzhaften Prellungen und Blutergüssen.

- **Empfohlene Dosierung:** 3 × täglich 1 Gabe

16.4 Schock

Therapie

▸ **Aconitum D200 = Anfangsmittel**

Verletzungsschock, **Schock durch Schreck**, Kollaps, Ohnmacht, Schleimhäute dunkelrot, ruhelos.

- **Empfohlene Dosierung:** 1 Gabe

▸ **Arnica D200 = Hauptmittel**

Schock, kann **sofort nach jeder Art von Unfall** gegeben werden, lindert Schmerzen, fördert Blutstillung, beugt Schockzuständen vor, Schleimhäute dunkelrot, Beschwerden: schlechter durch Bewegung, Berührung und Erschütterung, besser durch Ruhe.

- **Empfohlene Dosierung:** stündlich 1 Gabe (4 ×)

▸ **Camphora D1**

Schock, Kollaps, Bewusstlosigkeit, **eisige Kälte** des ganzen Körpers, **Schleimhäute bläulich**.

- **Empfohlene Dosierung:** alle 10 Minuten 1 Gabe

▸ **Carbo vegetabilis D30**

Schock, Kollaps, Bewusstlosigkeit, **eisige Kälte** des Körpers, **Schleimhäute blass-bläulich**.

- **Empfohlene Dosierung:** stündlich 1 Gabe

▸ **Hypericum D200**

Schock, **Folgen von Gehirnerschütterung und Nervenverletzungen**, offene und stumpfe Verletzungen, Verletzungen aller Art, insbesondere Verletzungen von nervenreichen Geweben, **Rückenmarkserschütterung und -verletzung**, große Schmerzhaftigkeit.

- **Empfohlene Dosierung:** stündlich 1 Gabe (4 ×)

▸ **Opium D200**

Schock, Schreck, Bewusstlosigkeit, Folgen von Gehirnerschütterung, **Schleimhäute dunkelrot**, **apathisch**, **Reaktionsmangel**.

- **Empfohlene Dosierung:** 1 Gabe

▸ **Veratrum album D30**

Schock, Kollaps, Bewusstlosigkeit, kalter Schweiß, Körper **eiskalt, Schleimhäute blass**.

- **Empfohlene Dosierung:** stündlich 1 Gabe

CAVE Grenzen der Selbstmedikation beachten!

16.5 Bewusstlosigkeit, Ohnmacht

Therapie

▸ **Aconitum D200 = Anfangsmittel**

Bewusstlosigkeit, Verletzungsschock, Kollaps, Schock durch Schreck, **Schleimhäute dunkelrot**, ruhelos.

- **Empfohlene Dosierung:** 1 Gabe

▸ **Camphora D1**

Bewusstlosigkeit, Schock, Kollaps, **eisige Kälte** des ganzen Körpers, **Schleimhäute bläulich**.

- **Empfohlene Dosierung:** alle 10 Minuten 1 Gabe

▸ **Carbo vegetabilis D30**

Bewusstlosigkeit, Schock, Kollaps, **eisige Kälte** des Körpers, **Schleimhäute blass-bläulich**.

- **Empfohlene Dosierung:** alle 10 Minuten 1 Gabe

▸ **Opium D200**

Bewusstlosigkeit, Schock, Schreck, Folgen von Gehirnerschütterung, **Schleimhäute dunkelrot**, apathisch, Reaktionsmangel.

- **Empfohlene Dosierung:** 1 Gabe

▸ **Veratrum album D30**

Bewusstlosigkeit, Schock, Kollaps, kalter Schweiß, Haut und Extremitäten kalt/**eiskalt, Schleimhäute blass**.

- **Empfohlene Dosierung:** alle 10 Minuten 1 Gabe

CAVE Grenzen der Selbstmedikation beachten!

16.6 Gehirnerschütterung, Schädeltrauma

Therapie

▸ **Aconitum D200 = Anfangsmittel**

Gehirnerschütterung, Verletzungsschock, Ohnmacht, Panik, Schock durch Schreck.

- **Empfohlene Dosierung:** 1 × täglich 1 Gabe (1. Tag)

▸ **Arnika D200 = Anfangsmittel**

Gehirnerschütterung frisch, alles ist zu hart, will weich liegen, Erschütterung schmerzt, Beschwerden: schlechter durch Bewegung, Berührung und Erschütterung, besser durch Ruhe.

- **Empfohlene Dosierung:** 2 × täglich 1 Gabe (1. Tag)

▸ **Hypericum D200**

Folgen von Gehirnerschütterung, Rückenmarkserschütterung und -verletzung, große Schmerzhaftigkeit, das große Mittel für Nervenverletzungen (Arnika der Nerven).

- **Empfohlene Dosierung:** 1 × täglich 1 Gabe

▸ **Opium D200**

Folgen von Gehirnerschütterung, alles ist zu weich, will hart liegen, Bewusstlosigkeit, Schock, Schreck, **wie betäubt**, **schläfrig**, **benommen**, schmerzlos.

- **Empfohlene Dosierung:** 1 × täglich 1 Gabe

CAVE Grenzen der Selbstmedikation beachten!

16.7 Offene Verletzungen

Therapie

▸ **Arnika D6 = Hauptmittel**

Wichtigstes Wundmittel, Hauptmittel bei Verletzungen aller Art, Folgen von Verletzungen, kann **sofort nach jeder Art von Gewebsverletzung** gegeben werden, Bluterguss, lindert Schmerzen, fördert Blutstillung, verbessert Wundheilung, beugt Schockzuständen vor, vor und nach jeder Operation, Beschwerden: schlechter durch Bewegung, Berührung und Erschütterung, besser durch Ruhe.

- **Empfohlene Dosierung:** 3 × täglich 1 Gabe

▸ **Calendula D6**

Gewebszerreißungen, Gewebsverlust, starke Schmerzhaftigkeit, bei allen Fällen von Gewebsverlust, wenn die Adaption der Wundränder nicht erreicht werden kann, Wundheilungsstörungen, unterstützt die Gewebeheilung.

- **Empfohlene Dosierung:** 3 × täglich 1 Gabe

▸ **Hypericum D6**

Offene und stumpfe Verletzungen, im Frühstadium von Wunden aller Art, **sehr schmerzhafte Verletzungen**, das große Mittel für **Nervenverletzungen** (Arnika der Nerven), Quetschung und Verletzung von nervenreichem Gewebe.

- **Empfohlene Dosierung:** 3 × täglich 1 Gabe

▸ **Ledum D6**

Offene Verletzungen, **Biss- und Stichverletzungen**, Infektionen als Folge von punktförmigen Biss- oder Stichwunden.

- **Empfohlene Dosierung:** 3 × täglich 1 Gabe

▸ **Staphisagria D6**

Offene Verletzungen, **Schnittwunden**, Beschwerden als Folge von operativen Schnitten.

- **Empfohlene Dosierung:** 3 × täglich 1 Gabe

CAVE Grenzen der Selbstmedikation beachten!

16.8 Stumpfe Verletzungen

Therapie

▸ **Arnika D6 = Hauptmittel**

Hauptmittel bei Verletzungen aller Art, Verstauchung, Verrenkung, Zerrung, Prellung, Quetschung, Bluterguss, Beschwerden: schlechter durch Bewegung, Berührung und Erschütterung, besser durch Ruhe.

- **Empfohlene Dosierung:** 3 × täglich 1 Gabe

▸ **Bellis perennis D6 = Hauptmittel**

Quetschung, Verstauchung, Prellung, Folgen von Schlag, Stoß und stumpfem Trauma, heftiger Prellungsschmerz mit Bluterguss, Verletzung tiefer liegender Gewebe.

- **Empfohlene Dosierung:** 3 × täglich 1 Gabe

▸ **Hypericum D6**

Offene und stumpfe Verletzungen, Prellungen und Verletzungen der Wirbelsäule, Folgen von Gehirnerschütterung, Quetschung und Verletzung von nervenreichem Gewebe, im Frühstadium von Wunden aller Art, **sehr schmerzhafte Verletzungen**, das große Mittel für **Nervenverletzungen** (Arnika der Nerven).

- **Empfohlene Dosierung:** 3 × täglich 1 Gabe

▸ **Rhus toxicodendron D6**

Verstauchung, Verrenkung, Zerrung. **Leitsymptom: Besserung durch Bewegung und lokale Wärme.**

- **Empfohlene Dosierung:** 3 × täglich 1 Gabe

▸ **Ruta D6**

Verstauchung, Zerrung, Quetschung, Verrenkung, besser durch leichte Bewegung und warme Anwendungen.

- **Empfohlene Dosierung:** 3 × täglich 1 Gabe

▸ **Symphytum D6**

Verstauchung, Verrenkung, Prellung, Zerrung, Bluterguss, Verletzungsmittel, beschleunigt Gewebeheilung, entzündungshemmende und schmerzlindernde Wirkung.

- **Empfohlene Dosierung:** 3 × täglich 1 Gabe

CAVE Grenzen der Selbstmedikation beachten!

16.9 Bisswunden

Therapie

▸ Arnika D6 = Hauptmittel

Bisswunden, **Hauptmittel bei Verletzungen aller Art**, Folgen von Verletzung, kann **sofort** nach jeder Art von Gewebsverletzung gegeben werden, Bluterguss, lindert Schmerzen, fördert Blutstillung, verbessert Wundheilung, beugt Schockzuständen vor, vor jeder Operation, Beschwerden: schlechter durch Bewegung, Berührung und Erschütterung, besser durch Ruhe.

- **Empfohlene Dosierung:** 3 × täglich 1 Gabe

▸ Ledum D6 = Hauptmittel

Biss- und Stichverletzungen, offene Verletzungen, Infektionen als Folge von punktförmigen Biss- oder Stichwunden.

- **Empfohlene Dosierung:** 3 × täglich 1 Gabe

▸ Calendula D6

Riss- und Bisswunden, Gewebszerreißungen, Gewebsverlust, starke Schmerzhaftigkeit, bei allen Fällen von Gewebsverlust, wenn die Adaption der Wundränder nicht erreicht werden kann.

- **Empfohlene Dosierung:** 3 × täglich 1 Gabe

▸ Hypericum D6

Im Frühstadium von Riss-, Biss-, Schnitt- und Stichwunden, **sehr schmerzhafte Verletzungen**, offene und stumpfe Verletzungen, Verletzungen aller Art, das große Mittel für **Nervenverletzungen** (Arnika der Nerven), Quetschung und Verletzung von nervenreichem Gewebe.

- **Empfohlene Dosierung:** 3 × täglich 1 Gabe, im akuten Fall alle 2 Stunden 1 Gabe

▸ **Lachesis D30**

Infizierte Bisswunden mit Blutvergiftung, schlechte Wundheilung, bläulich verfärbte Wunde und Wundränder.

- **Empfohlene Dosierung:** 1 × täglich 1 Gabe

CAVE Grenzen der Selbstmedikation beachten!

16.10 Schnittwunden

Therapie

▸ **Arnika D6 = Hauptmittel**

Schnittwunden, **Hauptmittel bei Verletzungen aller Art**, Folgen von Verletzung, kann **sofort** nach jeder Art von Gewebsverletzung gegeben werden, Bluterguss, lindert Schmerzen, fördert Blutstillung, verbessert Wundheilung, beugt Schockzuständen vor, vor und nach jeder Operation, Beschwerden: schlechter durch Bewegung, Berührung und Erschütterung, besser durch Ruhe.

- **Empfohlene Dosierung:** 3 × täglich 1 Gabe

▸ **Staphisagria D6 = Hauptmittel**

Schnittwunden, Beschwerden als Folge von operativen Schnitten, offene Verletzungen.

- **Empfohlene Dosierung:** 3 × täglich 1 Gabe

▸ **Hypericum D6**

Im Frühstadium von Riss-, Biss- Schnitt- und Stichwunden, **sehr schmerzhafte Verletzungen**, offene und stumpfe Verletzungen, Verletzungen aller Art, das große Mittel für **Nervenverletzungen** (Arnika der Nerven), Quetschung und Verletzung von nervenreichem Gewebe.

- **Empfohlene Dosierung:** 3 × täglich 1 Gabe

CAVE Grenzen der Selbstmedikation beachten!

16.11 Riss-, Platz- und Schürfwunden

Therapie

▸ **Arnika D6 = Hauptmittel**

Wichtigstes Wundmittel, Hauptmittel bei Verletzungen aller Art, Folgen von Verletzungen, kann **sofort** nach jeder Art von Gewebsverletzung gegeben werden, Bluterguss, lindert Schmerzen, fördert Blutstillung, verbessert Wundheilung, beugt Schockzuständen vor, vor und nach jeder Operation, Beschwerden: schlechter durch Bewegung, Berührung und Erschütterung, besser durch Ruhe.

- **Empfohlene Dosierung:** 3 × täglich 1 Gabe

▸ **Calendula D6**

Gewebszerreißungen, Gewebsverlust, starke Schmerzhaftigkeit, bei allen Fällen von Gewebsverlust, wenn die Adaption der Wundränder nicht erreicht werden kann, Wundheilungsstörungen, unterstützt die Gewebeheilung.

- **Empfohlene Dosierung:** 3 × täglich 1 Gabe

▸ **Hypericum D6**

Im Frühstadium von Wunden aller Art, **sehr schmerzhafte Verletzungen**, offene und stumpfe Verletzungen, Verletzungen aller Art, das große Mittel für **Nervenverletzungen** (Arnika der Nerven), Quetschung und Verletzung von nervenreichem Gewebe.

- **Empfohlene Dosierung:** 3 × täglich 1 Gabe, im akuten Fall alle 2 Stunden 1 Gabe

▸ **Lachesis D30**

Infizierte Wunden mit Blutvergiftung, schlechte Wundheilung, bläulich verfärbte Wunde und Wundränder.

- **Empfohlene Dosierung:** 1 × täglich 1 Gabe

16.12 Tetanusprophylaxe, Tetanus

Da das Pferd sehr empfindlich auf eine Infektion mit Tetanuserregern reagiert und die Therapie der Tetanuserkrankung sehr schwierig ist (Sterblichkeitsrate über 90 %), ist die Vorbeugung durch eine Tetanusimpfung sehr zu empfehlen!

Therapie

▸ **Hypericum D6 = Hauptmittel**

Im Frühstadium von Riss-, Biss-, Schnitt- und Stichwunden, sehr schmerzhafte Verletzungen, das große Mittel für Nervenverletzungen, Verletzung von nervenreichem Gewebe, bewährt zusammen mit Ledum zu geben (nach Tiefenthaler).

- **Empfohlene Dosierung:** 3 × täglich 1 Gabe

▸ **Ledum D6 = Hauptmittel**

Tiefe Stich- oder Bisswunden, Infektionen als Folge von punktförmigen Biss- oder Stichwunden, baldmöglichst nach Verletzung zu geben, bewährt zusammen mit Hypericum zu geben (nach Tiefenthaler).

- **Empfohlene Dosierung:** 3 × täglich 1 Gabe

▸ **Tetanus Nosode D30 = Hauptmittel**

Das Mittel kann vorbeugend und therapeutisch eingesetzt werden, als Vorbeugung zusammen mit Hypericum und Ledum zu geben.

- **Empfohlene Dosierung:** 1 × täglich 1 Gabe

CAVE Grenzen der Selbstmedikation beachten!

16.13 Sonnenstich, Hitzschlag

Therapie

▸ **Aconitum D200 = Anfangsmittel**

Schleimhäute tiefrot, trockene Haut, große Unruhe und Ruhelosigkeit, Angst, kräftiger, harter Puls, empfindlich gegen Licht und Geräusche.

- **Empfohlene Dosierung:** 1 Gabe

▸ **Belladonna D200 = Hauptmittel**

Heißer Kopf, Schleimhäute trocken, hochrot, Pupillen weit, Blick starr, Kopfgefäße pulsierend, Überempfindlichkeit aller Sinne (Licht, Geräusche, Berührung), trockene Haut, schlimmer durch Bewegung, Berührung, Erschütterung, Geräusche und Licht.

- **Empfohlene Dosierung:** stündlich 1 Gabe (4 ×)

▸ **Glonoinum D200**

Schleimhäute hochrot, pulsierende Kopfgefäße, Kopf heiß, Kreislaufstörungen, heftiges Herzklopfen, verträgt keine Berührung am Kopf, besser im Freien.

- **Empfohlene Dosierung:** stündlich 1 Gabe (4 ×)

CAVE Grenzen der Selbstmedikation beachten!

16.14 Verbrennung, Verbrühung

Therapie

▸ **Aconitum D6 = Anfangsmittel**

Haut heiß, rot, geschwollenen, trocken.

- **Empfohlene Dosierung:** akut (1. Tag) alle 2 Stunden 1 Gabe (4 ×)

▸ **Arnika D30 = Anfangsmittel**

- **Empfohlene Dosierung:** alle 2 Stunden 1 Gabe (2 ×)

▸ **Apis D6**

Verbrennung, Verbrühung, Rötung, Schwellung, schmerzhaft, sehr berührungsempfindlich, besser durch kalte Umschläge.

- **Empfohlene Dosierung:** akut alle 2 Stunden 1 Gabe (1. Tag), sonst 3 × täglich 1 Gabe

▸ **Cantharis D30**

Verbrennungen (2. Grad), jede Art von Verbrennung oder Verbrühung mit **Blasenbildung**, starke Schmerzhaftigkeit.

- **Empfohlene Dosierung:** akut alle 2 Stunden 1 Gabe, sonst 1 × täglich 1 Gabe

▸ **Causticum D6**

Verbrennungen (2./3. Grad), Verbrühungen, Rötung, Wundheit, **rohes Fleisch,** starke Schmerzhaftigkeit, alte, nicht heilende Brandwunden, böse Folgen von Brandwunden.

- **Empfohlene Dosierung:** akut alle 2 Stunden 1 Gabe, sonst 3 × täglich 1 Gabe

CAVE Grenzen der Selbstmedikation beachten!

16.15 Vergiftung

Therapie

▸ **Arsenicum album D6 = Hauptmittel**

Folgen von Futtermittelvergiftung, vorbeugend bei unbekanntem Gift! Durchfall, Verdauungsstörungen, Vergiftungsschock, Kollaps, große Schwäche, Angst, Unruhe.

- **Empfohlene Dosierung:** akut alle 10 Minuten 1 Gabe, sonst 3 × täglich 1 Gabe

▸ **Nux vomica D6 = Hauptmittel**

Folgen von Arzneimittelvergiftung, Vergiftung durch Pflanzen und Futtermittel, Krämpfe, Durchfall, Blähungen, Berührungsempfindlichkeit, überempfindlich gegen Sinneseindrücke, aktiviert die Entgiftung über die Leber.

- **Empfohlene Dosierung:** 3 × täglich 1 Gabe

▸ **Okoubaka D3 = Hauptmittel**

Pestizid- und Insektizidvergiftungen, Futtermittelvergiftung, Folge von Arzneimittelvergiftung, Vergiftungen jeder Art, Durchfall, Verdauungsstörungen.

- **Empfohlene Dosierung:** 3 × täglich 1 Gabe

▸ **Carbo vegetabilis D30**

Vergiftungsschock, Kollaps, eisige Kälte des Körpers, Schleimhäute blass-bläulich, große Schwäche, Verdauungsstörungen, Durchfall, Blähung, Kolik.

- **Empfohlene Dosierung:** akut alle 10 Minuten 1 Gabe

CAVE Grenzen der Selbstmedikation beachten!

17 Verschiedenes

17.1 Operation

Therapie

▸ **Arnika D30 = Hauptmittel**

Vor der Operation, lindert Schmerzen, fördert Blutstillung, verbessert Wundheilung, beugt Schockzuständen vor.

- **Empfohlene Dosierung:** vor der Operation 1 Gabe

▸ **Arnika D6 = Hauptmittel**

Nach der Operation, lindert Schmerzen, fördert Blutstillung, verbessert Wundheilung. Kann gut mit Staphisagria kombiniert werden.

- **Empfohlene Dosierung:** 3 × täglich 1 Gabe (3–4 Tage)

▸ **Staphisagria D6 = Hauptmittel**

Verbessert Wundheilung bei **Schnittwunden**, Beschwerden als Folge von operativen Schnitten. Kann gut mit Arnika kombiniert werden.

- **Empfohlene Dosierung:** 3 × täglich 1 Gabe (1 Woche)

17.2 Narkose

Therapie

▸ **Nux vomica D6**

Nach der Narkose, Folgen von Arzneimittelvergiftung (Narkosemittel), aktiviert die Entgiftung über die Leber!

- **Empfohlene Dosierung:** 1 × täglich 1 Gabe (3 Tage)

17.3 Arzneimittelunverträglichkeit

Therapie

▸ **Nux vomica D6**

Folgen von Arzneimittelunverträglichkeiten und -vergiftungen, Verdauungsbeschwerden, aktiviert die Entgiftung über die Leber.

- **Empfohlene Dosierung:** 2 × täglich 1 Gabe

▸ **Okoubaka D3**

Folge von Arzneimittelvergiftung und -unverträglichkeit, Vergiftungen jeder Art, Durchfall, Verdauungsstörungen.

- **Empfohlene Dosierung:** 3 × täglich 1 Gabe

▸ **Sulfur D30**

Arzneimittelunverträglichkeit, Folgen von Arzneimittelvergiftung und -missbrauch, Antibiotikamissbrauch, aktiviert die körpereigenen Entgiftungsmechanismen, Stoffwechselmittel, Reaktionsmittel, Umstimmungsmittel.

- **Empfohlene Dosierung:** 1 × täglich 1 Gabe

17.4 Fieber

Therapie

▸ **Aconitum D6 = Anfangsmittel**

Akuter plötzlicher Beginn mit hohem **Fieber** und gestörtem Allgemeinbefinden, Erkältung durch kalten Wind und Zugluft, große Unruhe, Ängstlichkeit.

- **Empfohlene Dosierung:** akut 3 × täglich 1 Gabe (1. Tag)

▸ **Belladonna D6 = Hauptmittel**

Akute Erkrankungen mit hohem **Fieber** und stark gestörtem Allgemeinbefinden. Belladonna ist ein sehr bewährtes Mittel für akute fieberhafte Infekte.

- **Empfohlene Dosierung:** akut 6 × täglich 1 Gabe, sonst 3 × täglich 1 Gabe

▸ **Bryonia D6 = Hauptmittel**

Akute fieberhafte Entzündungen (2. Stadium der Entzündung), Entzündungen der Schleimhäute und serösen Häute (z. B. Atemwege, Gelenke, Sehnenscheiden, Schleimbeutel, Euter), trockene Schleimhäute, großer Durst, **Verschlechterung durch Bewegung, besser durch absolute Ruhe**.

- **Empfohlene Dosierung:** 3 × täglich 1 Gabe

▸ **Ferrum phosphoricum D12**

Akute, fieberhafte Infekte beim **Jungtier**.

- **Empfohlene Dosierung:** 3–5 × täglich 1 Gabe

▸ **Lachesis D30**

Akute und chronische fieberhafte Infektionen mit stark gestörtem Allgemeinbefinden, (**Blutvergiftung/Sepsis**), berührungsempfindlich, bei nicht eitrigen Entzündungsprozessen mit Gewebezerfall und akut fieberhafter Komplikation.

- **Empfohlene Dosierung:** 1–2 × täglich 1 Gabe

CAVE Grenzen der Selbstmedikation beachten!

17.5 Impfung, Impfschaden, Impfreaktion

Therapie

▸ **Thuja D30 = Hauptmittel**

Standardbehandlung bei jeder Impfung zur Vorbeugung gegen Impfschäden.

- **Empfohlene Dosierung:** vor und nach jeder Impfung 1 Gabe

Böse Folgen von Impfungen.

- **Empfohlene Dosierung:** 1 × täglich 1 Gabe

▸ **Silicea D200**

Impfschaden, Impfreaktion, böse Folgen von Impfungen.

- **Empfohlene Dosierung:** wöchentlich 1 Gabe

CAVE Grenzen der Selbstmedikation beachten!

17.6 Entwurmung

Homöopathische Wurmmittel wirken in erster Linie umstimmend auf das Darmmilieu und verschlechtern somit deutlich die Lebensbedingungen für Darmparasiten. Der Darm wird stabiler und weniger anfällig für Wurmbefall. Aus dieser Sicht heraus ergibt sich auch die vorwiegende Anwendung der homöopathischen Wurmmittel als vorsorgende (Prophylaxe) und nachsorgende (Metaphylaxe) Maßnahme, um den Einsatz von chemotherapeutischen Wurmmitteln soweit wie möglich zu reduzieren.
Starker Wurmbefall sollte primär mit handelsüblichen Entwurmungspräparaten behandelt werden, um eine schnelle und effektive Entwurmung zu erreichen!
Die homöopathischen Wurmmittel sind vor allem dann eine hilfreiche Alternative, wenn:

1. handelsübliche Entwurmungsmittel keine ausreichende Wirkung zeigen,
2. bei ständig wiederkehrendem Wurmbefall,
3. bei Tieren, die chemotherapeutische Entwurmungspräparate schlecht vertragen und mit starken Leistungseinbußen und gesundheitlichen Beschwerden reagieren.

Ganz allgemein ist noch anzumerken: Entwurmungen sollten nur dann durchgeführt werden, wenn durch eine Kotuntersuchung entsprechender Wurmbefall festgestellt wurde.

Allgemeine Begleitmaßnahmen

Entwurmungsmaßnahmen können deutlich reduziert werden durch: optimiertes Weidemanagement, Weidehygiene (regelmäßiges Abmisten), Stallhygiene, regelmäßige Wurmkontrolle durch Kotuntersuchungen (Minimum 2 ×/Jahr).

Therapie

▸ Abrotanum D1

Alle Wurmarten (nach Wolter), besonders bei Fadenwürmern (**Nematoden**), z. B. Askariden, Strongyliden, wiederkehrender Befall mit Würmern, Verdauungsstörungen, Abmagerung, Blähbauch, übermäßiger Appetit.

- **Empfohlene Dosierung:** 2 × täglich 1 Gabe (3 Wochen)

▸ Calcium carbonicum D200

Wiederkehrender Befall mit Darmparasiten, Folgen von Entwurmungen, Umstimmungsmittel für das Darmmilieu.

- **Empfohlene Dosierung:** 1 × monatlich 1 Gabe (4 ×)

▸ Chelone glabra D4

Alle Wurmarten, besonders bei Fadenwürmern (**Nematoden**), z. B. Askariden, Oxyuren, Strongyliden.

- **Empfohlene Dosierung:** 2 × täglich 1 Gabe (3 Wochen)

▸ Chenopodium D4

Fadenwürmer (**Nematoden**), z. B. Hakenwürmer, Strongyliden, Askariden.

- **Empfohlene Dosierung:** 2 × täglich 1 Gabe (3 Wochen)

▸ Cina D4

Alle Wurmarten, Bandwürmer (Cestoden) und Fadenwürmer (Nematoden).

- **Empfohlene Dosierung:** 2 × täglich 1 Gabe (3 Wochen)

▸ Spigelia D4

Fadenwürmer (**Nematoden**), z. B. Askariden, Strongyliden.

- **Empfohlene Dosierung:** 2 × täglich 1 Gabe (3 Wochen)

▸ Sulfur D30

Nach der Entwurmung einzusetzen! Folge von Entwurmung, Reaktionsmittel, Umstimmungsmittel.

- **Empfohlene Dosierung:** 1 × wöchentlich 1 Gabe (4 ×)

▸ **Teucrium marum D4**
Fadenwürmer (**Nematoden**), z. B. Askariden, Strongyliden, Oxyuren.

- **Empfohlene Dosierung:** 2 × täglich 1 Gabe (3 Wochen)

17.7 Schwäche, Erschöpfung

Therapie

▸ **Acidum phosphoricum D6**

Physische und psychische Erschöpfung, **Jungtiermittel**, nach Säfteverlust, nach Überanstrengung, nach schwerer Krankheit, besser durch Wärme.

- **Empfohlene Dosierung:** 2 × täglich 1 Gabe

▸ **Arnika D30**

Erschöpfung, Folge von körperlicher **Überanstrengung**.

- **Empfohlene Dosierung:** 1 × täglich 1 Gabe

▸ **Arsenicum album D30**

Schwäche und Erschöpfung, Abmagerung, chronische Blutarmut, nach chronischen und schweren Erkrankungen, im fortgeschrittenen Alter, Unruhe, Ängstlichkeit, besser durch Wärme.

- **Empfohlene Dosierung:** 1 × täglich 1 Gabe

▸ **Carbo vegetabilis D30**

Große Schwäche, nach Säfteverlust, nach akuten und chronischen Erkrankungen, bei Kreislaufschwäche und Kollapszuständen, blassblaue Schleimhäute, **kalte** Ohren, Extremitäten und Körperoberfläche.

- **Empfohlene Dosierung:** 1 × täglich 1 Gabe

▸ **China D30**

Große Schwäche, Folge von **Säfteverlust** (z. B. Blutung, Durchfall, Geburt, Milch) Abmagerung, Blutarmut.

- **Empfohlene Dosierung:** 1 × täglich 1 Gabe

▸ **Ferrum phosphoricum D12**

Schwäche, Erschöpfung, **Jungtiermittel**, Blutarmut, blasse Schleimhäute, Abmagerung, Appetitlosigkeit, Folge von Blutverlust.

- **Empfohlene Dosierung:** 2 × täglich 1 Gabe

17.8 Aufbaumittel

Therapie

▸ **Acidum phosphoricum D6**

Jungtiermittel, physische und psychische Erschöpfung, nach Säfteverlust, nach Überanstrengung, nach schwerer Krankheit, besser durch Wärme.

- **Empfohlene Dosierung:** 2 × täglich 1 Gabe

▸ **Arsenicum album D30**

Schwäche und Erschöpfung, Abmagerung, chronische Blutarmut, nach chronischen und schweren Erkrankungen, im fortgeschrittenen Alter, Unruhe, Ängstlichkeit, besser durch Wärme.

- **Empfohlene Dosierung:** 1 × täglich 1 Gabe

▸ **Calcium phosphoricum D6**

Jungtiermittel, Schwäche, Wachstumsstörungen, Schwächezustände nach akuten und chronischen Erkrankungen.

- **Empfohlene Dosierung:** 2 × täglich 1 Gabe

▸ **China D30**

Große Schwäche, Folge von Säfteverlust (z. B. Blutung, Durchfall, Geburt, Milch) Abmagerung, Blutarmut.

- **Empfohlene Dosierung:** 1 × täglich 1 Gabe

▸ **Ferrum phosphoricum D12**

Jungtiermittel, Schwäche, Blutarmut, blasse Schleimhäute, Abmagerung, Appetitlosigkeit, Folge von Blutverlust.

- **Empfohlene Dosierung:** 2 × täglich 1 Gabe

▸ Phosphor D200

Schwäche durch Säfteverlust, großen Stress, Hochleistung, Überanstrengung, Krankheit, Wachstum. Abmagerung, plötzliche Erschöpfung, empfindlich gegen Geräusche, Gerüche und Berührung, Ängstlichkeit, Schreckhaftigkeit.

- **Empfohlene Dosierung:** 1 × wöchentlich 1 Gabe (4 ×)

▸ Silicea D30

Allgemeine, chronische Schwäche, Wachstumsstörungen, Kümmerer, Abwehrschwäche, allgemein schlechte Wundheilung, schlechter Ernährungszustand, chronische Krankheitszustände, nervenschwache, blasse, verzagte, nachgiebige Tiere.

- **Empfohlene Dosierung:** 1 × täglich 1 Gabe (Langzeittherapie)

17.9 Verladen, Reise, Transport

Therapie

▸ **Aconitum D200**

Panikzustände mit starkem Herzklopfen, plötzliches, heftiges Auftreten der Symptome, große Unruhe, Ängstlichkeit, Schreckhaftigkeit, Angst vor engen Räumen, Angst vor Alleinsein.

- **Empfohlene Dosierung:** 1 Gabe bei Bedarf

▸ **Argentum nitricum D30**

Hysterisch, angstvolles, nervöses Wesen, Platzangst, Angst vor Reisen, Angst vor allem Neuen.

- **Empfohlene Dosierung:** 1 Gabe bei Bedarf

▸ **Arsenicum album D200**

Panische Angstattacken, Angst vor Alleinsein, Unruhe.

- **Empfohlene Dosierung:** 1 Gabe bei Bedarf

▸ **Phosphor D200**

Angst, Panik, Angst vor Reisen, Angst vor Alleinsein.

- **Empfohlene Dosierung:** 1 Gabe bei Bedarf

Literatur

Pathologie

Dietz O, Huskamp B. Handbuch Pferdepraxis. Enke, Stuttgart 2006

Johnston AM, Bellinghausen W. Kompendium der inneren Krankheiten des Pferdes. Enke, Stuttgart 1997

Knottenbelt DC, Pascoe RR. Farbatlas der Pferdekrankheiten. 2. Aufl., Schlütersche, Hannover 2000

Pschyrembel. Klinisches Wörterbuch. Walter de Gruyter, Berlin 1998

Wintzer HJ. Krankheiten des Pferdes. Parey, Berlin 1997

Homöopathie

Boericke W. Homöopathische Mittel und ihre Wirkungen. Verlag Grundlagen und Praxis, Leer 1995

Daubenmerkl W. Tierkrankheiten und ihre Behandlung. 3. Aufl., Wissenschaftliche Verlagsgesellschaft Stuttgart, 2012

Enders, N. Bewährte Anwendung der homöopathischen Arznei. Haug, Heidelberg 2001

Eisele M, Friese K-H, Notter G, Schlumpberger A. Homöopathie für die Kitteltasche. 5. Aufl., Deutscher Apotheker Verlag, Stuttgart 2009

Kent JT. Homöopathische Arzneimittelbilder, Band 1–3. Haug, Heidelberg 1998

MacLeod G. Pferdekrankheiten homöopathisch behandelt. WBV Biologisch-Medizinische Verlagsgesellschaft, Schorndorf 1977

Nash, EB. Leitsymptome in der homöopathischen Therapie. Haug, Heidelberg 1996

Rakow B, Rakow M. Homöopathie in der Tiermedizin. Aude Sapere Fachbuch Verlag, Karlsbad 1995

Späth H, Löw G, Reinhart E. Gesunde Tiere durch Homöopathie und Antihomotoxische Medizin. Aurelia Verlag, Baden-Baden 1999

Tiefenthaler, A. Homöopathie und biologische Medizin für Haus- und Nutztiere. Haug, Heidelberg 1997

Wolter, H. Klinische Homöopathie in der Veterinärmedizin. Haug, Heidelberg 1996

Wolter, H. Kompendium der tierärztlichen Homöopathie. Enke, Stuttgart 1995

Sachregister

Fett gedruckte Seitenzahlen verweisen auf Hauptfundstellen.

M

N

Z

Der Autor

Dr. Wolfgang Daubenmerkl

Wolfgang Daubenmerkl ist Tierarzt und Heilpraktiker und seit 35 Jahren im tierärztlichen Beruf tätig. An der LMU München studierte und promovierte er in Tiermedizin. 1992 absolvierte er die Heilpraktiker-Prüfung, es folgten Weiterbildungen in den Bereichen Akupunktur, Homöopathie, Phytotherapie und biologische Tiermedizin. Seit 23 Jahren widmet sich Dr. Daubenmerkl ausschließlich naturheilkundlichen Therapieverfahren, mit den Schwerpunkten Homöopathie und Akupunktur. Neben „Homöopathie bei Pferden", das 2006 erstmalig publiziert wurde, liegt sein Werk „Tierkrankheiten und ihre Behandlung" in der 3. Auflage 2012 vor. Beide Titel sind in der Wissenschaftlichen Verlagsgesellschaft Stuttgart erschienen.